Fouad Soliman
Karima Mahmoud

Roteiros tecnológicos para o objetivo de emissões líquidas nulas até 2030 e 2050

Fouad Soliman
Karima Mahmoud

Roteiros tecnológicos para o objetivo de emissões líquidas nulas até 2030 e 2050

ScienciaScripts

Imprint

Any brand names and product names mentioned in this book are subject to trademark, brand or patent protection and are trademarks or registered trademarks of their respective holders. The use of brand names, product names, common names, trade names, product descriptions etc. even without a particular marking in this work is in no way to be construed to mean that such names may be regarded as unrestricted in respect of trademark and brand protection legislation and could thus be used by anyone.

Cover image: www.ingimage.com

This book is a translation from the original published under ISBN 978-620-7-80926-4.

Publisher:
Sciencia Scripts
is a trademark of
Dodo Books Indian Ocean Ltd. and OmniScriptum S.R.L publishing group

120 High Road, East Finchley, London, N2 9ED, United Kingdom
Str. Armeneasca 28/1, office 1, Chisinau MD-2012, Republic of Moldova, Europe
Printed at: see last page
ISBN: 978-620-7-90866-0

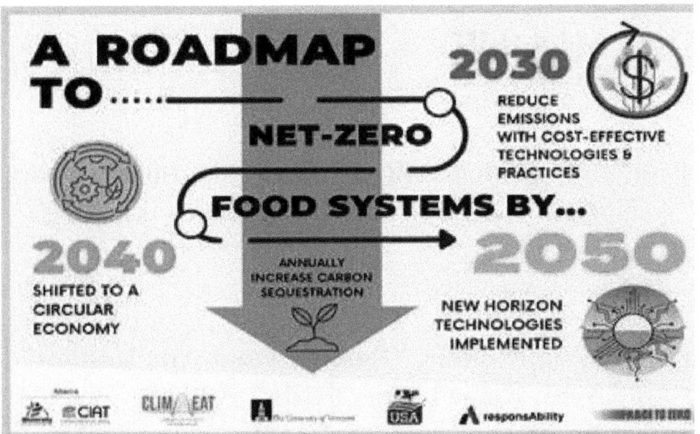

Roteiros tecnológicos para o objetivo de emissões líquidas nulas até 2030 e 2050

Por

<table>
<tr>
<td>

Dr. Eng. Fouad A. S. Soliman

Prof. de Engenharia Eletrónica e de Computadores
Nuclear Materials Authority, Cairo, Egipto.

</td>
<td></td>
</tr>
<tr>
<td>

Karima A. Mahmoud

Investigador de Física

</td>
<td></td>
</tr>
</table>

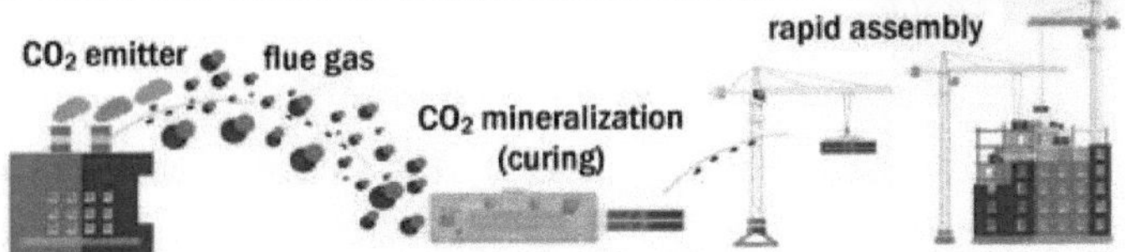

junho de 2024

1

Sobre os autores

Dr. Eng. Fouad A. S. Soliman

**Prof. de Engenharia Eletrónica e de Computadores,
Nuclear Materials Authority, Cairo, Egipto.**

Membro do Conselho Editorial de:

- **Progress in Photovoltaic, "Research and Applications", John Wiley and Sons, Reino Unido, desde 1993,**
- **Periódicos da Associação para o Avanço das Técnicas de Modelação e Simulação, AMSE, Lune, França,**
- **Jornal Internacional de Ciência da Computação e Aplicações de Engenharia (IJCSEA).**

Membro de:

- **Associação Americana para o Avanço das Ciências, N.Y., U.S.A,**
- **Academia de Ciências de Nova Iorque, Nova Iorque, E.U.A.**

Escolhido para:

- **Who's Who in the World, A.N. Marquis, N.J., U. S. A.**
- **Outstanding People of the 20thCentury, International Biographical Center de Cambridge, Inglaterra.**

Ensino nas universidades

- **Ensino dos estudantes de pós-graduação nas universidades egípcias.**

Publicações e supervisão de M.Sc. e Ph.D.
Artigos e teses supervisionadas
- **Cerca de 200**

Livros:
[1].   Fouad A. S. Soliman, **"A Novel Look on the world of Nanotechnology**

   para hoje e para o futuro", Livro publicado, Lambert Academic Publishing, Omni- Scriptum GmbH and Co. KG, fevereiro de 2016, ISBN 978-3-659-83496-7.

[2].   F. A. S. Soliman, **"Energy and the Future of Civilizations"**, publicado em
Livro, Lambert Academic Publishing, Omni-Scriptum GmbH and Co.
KG, abril de 2016.
ISBN 978-3-659-88129-9.

[3].   F. A. S. Soliman, **"Characterization, Simulation, Applications, Deployment and Economics of Solar Energy"**, Lambert Academic
Publishing, LAP, Saarbrücken, Alemanha, maio de 2016.
ISBN 978-3-659-89387-2.

[4].   Fouad A. S. Soliman e **Hoda A. Ashry, "Role of the Nuclear A tecnologia na vida quotidiana do homem",** Livro publicado, Lambert
Publicação académica, Omni-Scriptum, GmbH and Co. KG, maio de 2016.
ISBN 978-3-659-90461-5.

[5].   Fouad A. S. Soliman, **Safaa M. R. El-ghanam e Ashraf M. Abdel-Maksoud, "Impact of Outer Space Environment on Electronic Devices and Systems",** Livro publicado, Lambert Academic Publishing,
Omni-Scriptum GmbH e Co. KG, julho de 2016.
ISBN: 978-3-659-93044-7

[6].   **H. A. Ashry,** Fouad A. S. Soliman e **S. A. Kamh, "Nuclear Techno-logia: Future Generation, Protection and Monitoring",** publicado em
Livro, Lambert Academic Publishing, Omni-Scriptum GmbH e
Co. KG, agosto de 2016.
ISBN: 978-3-659-93921-1

[7].   Fouad. A.S. Soliman, **"Agriculture in Remote Areas Based on Solar Energia", Livro Publicado,** Lambert Academic Publishing, Omni-
Scriptum GmbH & Co. KG, setembro de 2016.
ISBN: 978-3-659-95267-8

[8].   Fouad A. S. Soliman, **" Solar-Wind Hybrid Renewable Energy for**
Agricultura Sustentável", Livro Publicado, Lambert Academic
Publishing, Omni- Scriptum GmbH and Co. KG, outubro de 2016,
Número:145917
ISBN: 978-3-659-96384-1

[9].   Fouad A. S. Soliman, **Linhas de Transmissão de Alta Tensão: Importância,**
Maintenance and Risks", Livro Publicado, Lambert Academic Publi-
shing, Omni- Scriptum GmbH e Co. KG, novembro de 2016,
Número:147937,
ISBN: 978-3-330-00309-5.

[10].   **Hoda A. Ashry e** Fouad A. S. Soliman, **Nuclear Analytical Techni-**
ques e Ciências Modernas, Livro Publicado, Lambert Academic
Publishing, Omni- Scriptum, GmbH and Co. KG, dezembro, 2016,
No. :
149558,
ISBN: 978-3-330-01772-6.

[11].   Fouad A. S. Soliman, **Energia: História, Definições, Formas,**
Transformações.
formação e aplicações, Livro Publicado, Lambert Academic
Publishing, Omni- Scriptum, GmbH and Co. KG, janeiro de 2017.
ISBN: 978-3-330-02939-2.

[12].   Fouad A. S. Soliman, **All About Nuclear Materials, Livro**
Publicado,
Lambert Academic Publishing, Omni- Scriptum GmbH e Co. KG,
2017. ID do projeto (150859)
ISBN:978-3-330-03643-7.

[13].   Fouad A. S. Soliman **e Hoda A. Ashry, Focus on the Treasures**
of
A Terra, Livro Publicado, Lambert Academic Publishing, Omni-
Scriptum GmbH and Co. KG, fevereiro de 2017.
ISBN: 978-3-659-85407-1.

[14].   Fouad A. S. Soliman, **Geothermal Energy Technology,**
Publicado em
Livro, Lambert Academic Publishing, Omni-Scriptum GmbH and
Co,
KG., maio de 2017.
ISBN: 978-3-330-31808-3.

[15].   Fouad A. S. Soliman, **Marine Power Technology and Future of**
Energia, Livro publicado, Lambert Academic Publishing, Omni-
Scriptum
GmbH e Co. KG, junho de 2017.
ISBN: 978-3-330-32467-1.

[16].   Fouad A. S. Soliman **e Hoda A. Ashry, Atomic Batteries: the**
Easy
Energia para o futuro", Livro publicado, Lambert Academic

Publishing, Omni-Scriptum. GmbH and Co. KG, julho de 2017.
ISBN:978-3-330-35308-4.

[17].   **Fouad A. S. Soliman e Hoda A. Ashry, Evolution of Synchrotron**
A radiação e a sua importância", Livro publicado, Lambert Academic
Publishing, Omni-Scriptum GmbH and Co. KG, agosto de 2017.
ISBN: 978-620-2-01385-7

[18].   Fouad A. S. Soliman, **"Mechatronics: Multidisciplinary Engenharia"**, Livro Publicado, Lambert Academic Publishing, Omni-
Scriptum, GmbH e Co. KG, agosto de 2017.
ISBN: 978-620-0-43740-2.

[19].   Fouad A. S. Solimna e **Hoda A. Ashry, "Gold and Silver Recovery**
from Electronic Waste", Recuperação de ouro e prata de resíduos electrónicos
Resíduos", Livro publicado Lambert Academic Publishing, Omni-
Scriptum
GmbH and Co. KG, Set. 2017.
ISBN: 978-620-2-04988-7.

[20].   Fouad A. S. Soliman, **Amira A El-laboudi, e Manal Mahdi,**
"Colheita de energia e necessidades humanas futuras", Livro publicado,
Lambert Academic Publishing, Omni-Scriptum GmbH e Co. KG,
novembro de 2017.
ISBN: 978-620-2-07981-5.

[21].   **Hoda A. Ashry e** Fouad A. S. Soliman, **"World of Neurons",**
Livro publicado, Lambert Academic Publishing, Omni- Scriptum GmbH
and Co. KG, janeiro de 2018.
ISBN: 978-613-4-97714-2.

[22].   Fouad A. S. Soliman, **"Role of Engineering in Therapy",** publicado em
Livro Lambert Academic Publishing, Omni- Scriptum GmbH and Co.
KG, abril de 2018.
ISBN: 978-613-9-58735-3.

[23].   Fouad A. S. Soliman, **"New Trends in Exploring Earth Treasures" [Novas Tendências na Exploração dos Tesouros da Terra],**
Livro publicado, Lambert Academic Publishing, Omni- Scriptum GmbH

Co. KG, Nov. 2019.
ISBN: 978-620-0-46469-9.

[24]. Fouad A. S. Soliman, **"Energy: Resources, Derivative, Sustainability
and Development"**, Livro publicado Lambert Academic Publishing,
Omni-Scriptum GmbH e Co. KG, dezembro de 2019.

[25]. Fouad A. S. Soliman **e Hamed I. E. Mira, "Nuclear Power:
História, materiais, economia e futuro"**, Livro publicado Lambert
Publicação académica, Omni-Scriptum GmbH & Co. KG, janeiro de 2020.
ISBN: 978-620-0-46407-1.

[26]. Fouad A. S. Soliman, **"Renewable Energy and the Future of Human
Vida"**, Livro publicado. Lambert Academic Publishing. Omni-Scriptum
GmbH e Co.KG, fevereiro de 2020.
ISBN: 978-620-0-53632-7.

[27]. Fouad A. S. Soliman, **Safaa M. R. El-ghanam, e Ashraf M. Abdel-
maksoud, "Impacto ambiental da indústria energética"**,
Livro publicado Lambert Academic Publishing, Omni-Scriptum GmbH
and Co. KG, fevereiro de 2020.
ISBN: 978-620-0-57165-6.

[28]. Fouad A. S. Soliman e **Amira Abdel-Magid, "Projections, Develo-
pamentos e explorações de recursos energéticos renováveis"**
Livro publicado, Lambert Academic Publishing, Omni-Scriptum GmbH
and Co. KG, março de 2020.
ISBN: 978-620-065158-7.

[29]. Fouad A. A. Soliman, e **Wafaa Abd El-Basit, "Smart Photovoltaic
As tecnologias e o futuro da energia"**, livro publicado, Lambert
Publicação académica, **Omni-Scriptum** GmbH e Co. KG, março de 2020.
ISBN: 978-620-251267-1.

[30]. Fouad A. S. Soliman, e **Sanaa A. Kamh", Open Source Hardware
Tecnologia,** Livro Publicado, Lambert Academic Publishing, Omni-

Scriptum GmbH and Co. KG, abril de 2020.
ISBN: 978-620-2-51639-6.

[31]. Fouad A. S. Soliman, "Renewable Energy Technologies for Salt Dessalinização da água", Livro publicado, Lambert Academic Publishing,
Omni-Scriptum GmbH e Co. KG, maio de 2020.
ISBN: 978-620-2-52159-8.

[32]. Fouad A. S. Soliman, " New Trends in Renewable Energy for Humanity Benefits", Livro publicado, Lambert Academic Publishing,
Omni-Scriptum GmbH e Co. KG, maio de 2020.
ISBN: 978-620-2-51887-1.

[33]. Fouad A. S. Soliman, e Ashraf M. Abdel-maksoud, "Energy Armazenamento, Transmissão e Monitorização", Livro Publicado, Lambert
Publicação académica, Omni-Scriptum GmbH e Co. KG, maio de 2020.
ISBN: 978-6213-94971-2

[34]. Fouad S. S. Soliman, "Climate Effects on PV-Systems and their Manutenção e Reciclagem", Livro Publicado, Lambert Academic Publicação, Omni-Scriptum GmbH e Co. KG, junho de 2020.
ISBN: 978-620-2-56451-9.

[35]. Fouad A. S. Soliman e Hamed I. E. Mira, "Drones: The Future of
Veículos Aéreos Não Tripulados", Livro publicado Lambert Academic Publi-
shing, Omni-Scriptum GmbH e Co. KG, junho de 2020.
ISBN: 978-620-2-66811-8.

[36]. Fouad A. S. Soliman, "Airborne Geophysical & Remote Sensing
Based on DroneAircrafts", Livro publicado, Lambert Academic Publicação, Omni-Scriptum GmbH e Co. KG, julho de 2020.
ISBN: 978-620-2-67331-0.

[37]. Fouad A. S. Soliman, e Safaa M. El-ghanam "The World of Tecnologias de energias renováveis", Livro publicado, Lambert Academic
Publicação, Omni-Scriptum GmbH e Co. KG, agosto de 2020.
ISBN: 978-620-2-68432-3.

[38]. Fouad A. S. Soliman, e Ashraf M. Abedel-maksoud", Tecnologias
of Stand-Alone and Distributed Energy Systems", Livro publicado,
Lambert Academic Publishing, Omni-Scriptum GmbH e Co. KG,

setembro de 2020.
ISBN: 978-620-0-50455-6.

[39]. Fouad A. S. Soliman, **A Novel and Efficient Aerial Techniques for**
Deteção de UXO, Livro Publicado, Lambert Academic Publishing, Omni-
Scriptum GmbH and Co. KG, setembro de 2020.
ISBN: 978-620-2-79934-8

[40]. Fouad A. S. Soliman e **Ashraf M. Abedel-maksoud, "Technology**
and Future of Nano-fluids", Livro publicado, Lambert Academic
Publicação, Omni-Scriptum GmbH e Co. KG, setembro de 2020.
ISBN: 978-620-2-80132-4.

[41]. Fouad A. S. Soliman, e **Safaa M. El-ghanam,** "New Trends in the
Produção, conversão, transmissão e armazenamento de energia",
Livro publicado, Lambert Academic Publishing, Omni-Scriptum
GmbH e Co. KG, outubro de 2020.
ISBN: 978-620-2-80878-1.

[42]. Fouad A. S. Soliman, **"Remote Monitoring, Net Metering, Fault**
Deteção e Manutenção Preditiva de Sistemas Eléctricos de
Potência.
Livro publicado, Lambert Academic Publishing, Omni-Scriptum GmbH
and Co. KG, outubro de 2020.
ISBN: 978-3-330-06474-4.

[43]. Fouad A. S. Soliman, **A. A. Abu Talib e Doaa H. Hanafy, "PV**
Shockley-Queasier, Maximum Power, Green Houses e Rooftop
Estações", Livro Publicado, Lambert Academic Publishing, Omni-
Scriptum GmbH e Co. KG, outubro de 2020.
ISBN: 978-620-2.92085-8.

[44]. Fouad A. S. Soliman, **Wafaa A. Zekri, Soha Abel-Azim,**
Environ-
Impacto mental da produção, transporte e distribuição de
eletricidade
Indústria", Livro Publicado, Lambert Academic Publishing, Omni-
Scriptum GmbH e Co. KG, novembro de 2020.
ISBN: 978-620-3-02581-1.

[45]. Fouad A. S. Soliman e **Safaa R. El-ghanam, Future Energy**

DevelopMent, Livro Publicado, Lambert Academic Publishing, Omni-
Scriptum GmbH e Co. KG, novembro de 2020.
ISBN: 978-620-3-041132.

[46]. Fouad A. S. Soliman **e Hamed I. E. Mira, "For More Efficient Aplicações da energia   solar",** Livro publicado Lambert Academic
Publicação, Omni-Scriptum GmbH e Co. KG, dezembro de 2020.
ISBN: 978-620-801002.

[47]. Fouad A. S. Soliman, e **Sanaa A. Kamh,** "New Trends in Micro- and
Hybrid-Energy Grids", Livro publicado, Lambert Academic **Publishing,**
Omni-Scriptum. GmbH and Co. KG, dezembro de 2020.
ISBN: 978-620-2-92022-3.

[48]. Fouad A. S. Soliman, **"Trends in Renewable Energy Resources Gridding",** Livro publicado Lambert Academic Publishing, Omni-Scriptum GmbH and Co. KG, janeiro de 2021.
ISBN: 978-620-3-30339-1.

[49]. Fouad A. S. Soliman e **Wafaa Abdel Basit Zekri, "Gridding of Sistemas inteligentes de energia solar",** Livro publicado, Lambert Academic
Publishing, Omni-Scriptum, GmbH and Co., K.G. março de 2021.
ISBN: 978-620-3-46312-5.

[50]. Fouad A. S. Soliman e **Safaa R. El-ghanam, "New Trends in Sistema Fotovoltaico",** Livro publicado, Lambert Academic Publishing,
Omni-Scriptum GmbH and Co., K.G., dezembro de 2020.
ISBN: 978-620-3-47075-8.

[51]. Fouad A. S. Soliman, **"Automatic Monitoring of PV-Systems',** Livro publicado Lambert Academic Publishing, Omni-Scriptum GmbH
e Co. KG, setembro de 2021.
ISBN: 978-620-3-58196-6.

[52]. Fouad A. S. Soliman, e **Ashraf M. Abedel-maksoud, "Marine Power: O Futuro das Energias Renováveis,** Livro Publicado, Lambert
Publicação académica, Omni-Scriptum GmbH and Co. KG, novembro,
2021.
ISBN: 978-620-4-71792-0163.

[53]. Fouad A. S. Soliman, **"Carbon Capture and Sequestration",**

Livro publicado Lambert Academic Publishing, Omni-Scriptum GmbH
and Co. KG, novembro de 2021.
ISBN: 978-620-4-72561-1163.

[54]. Fouad A. S. Soliman, e Hoda A. Ashry, "Role of Electronics and

Informática em medicina energética", Livro publicado Lambert
Publicação académica, Omni-Scriptum GmbH and Co. KG, Nov. 2021.
ISBN: 978-620-4-727387.

[55]. Fouad A. S. Soliman, e Nehal Abou-el fotoh Ali, "Future
Desafios da Eletrónica Baseada em Piezoeléctricos", Livro Publicado
Lambert Academic Publishing Omni-Scriptum GmbH e Co. KG,
dezembro de 2021.
ISBN: 978-620-4-70844.

[56]. Fouad A. S. Soliman, Ayman H. Shanash e Nehal Abou-el fotoh
Ali, "Sustainale Energy for Human Safety and Luxury", publicado
Livro Lambert Academic Publishing, Omni-Scriptum GmbH and Co.
KG, janeiro de 2022.
ISBN: 978-620-4-73029-1163.

[57]. Fouad A. S. Soliman, e Nehal Abou-el fotoh Ali, "World of Osmo-
Tic Phenomenon", Livro publicado Lambert Academic Publishing,
Omni-Scriptum GmbH & Co. KG, janeiro de 2021.
ISBN: 978-620-4-73327-2164.

[58]. Fouad A. S. Soliman, Ayman H. Shanash & Nehal Abou-el fotoh
Ali,
"Uma visão profunda do futuro da energia, livro publicado Lambert
Publicação académica, Omni-Scriptum GmbH and Co. KG, Jan. 2022.
ISBN: 978-620-4-73472-9164.

[59]. Fouad A. S. Soliman, Ayman H. Shanash e Nehal Abou-el fotoh
Ali, "Transitioning from Fossil Fuels to Renewable Energy", publicado
Livro Lambert Academic. Publishing, Omni-Scriptum GmbH and Co.
KG, fevereiro de 2022.
ISBN: 978-620-4-74114-7164.

[60]. Fouad A. S. Soliman, **Ayman H. Shanash e Nehal Abou-el fotoh Ali, "Ocean Thermal Energy Conversion",** livro publicado Lambert
Publicação académica, Omni-Scriptum GmbH and Co. KG, Fev. 2022.
ISBN: 978-620-4-74278-61.

[61]. Fouad A. S. Soliman, **Ayman H. Shanash e Nehal Abou-el fotoh Ali, "The Rapid Movement towards Clean Green World" (O movimento rápido para um mundo verde e limpo),** publicado
Livro Lambert Academic. Publishing, Omni-Scriptum GmbH and Co.
KG, fevereiro de 2022.
ISBN: 9786-204-745 183.

[62]. Fouad A. S. Soliman, **Ayman H. Shanash e Nehal Abou-el fotoh Ali, "Engenharia de sistemas de energia renovável",** Livro publicado
Lambert Academic Publishing, Omni-Scriptum GmbH e Co. KG, fevereiro de 2022.
ISBN: 978-620-4-74716-3.

[63]. Fouad A. S. Soliman, **Ayman H. Shanash e Nehal Abou-el fotoh Ali, "De A a Z sobre as energias renováveis",** livro publicado
Lambert Academic Publishing, Omni-Scriptum GmbH e Co. KG, março de 2022.
ISBN: 9786-202-053099.

[64]. Fouad A. S. Soliman, **Hamed I. E. Mira e Nehal Abou-el fotoh Ali,**
"Passos no caminho do futuro e da conservação da energia", publicado
Livro Lambert Academic Publishing, Omni-Scriptum GmbH and Co.
KG, março de 2022.
ISBN: 9786-139-448388.

[65]. Fouad A. S. Soliman, **Nehal Abou-el fotoh Ali & Karima A. Mahmoud, "Engineering and Comfortable Smart Life",** publicado
Livro Lambert Academic Publishing, Omni-Scriptum GmbH and Co.
KG, março de 2022.
ISBN: 978-620-0-24999-91.

[66]. Fouad A. S. Soliman, **Hoda A. Ashry e Nehal Abou-el fotoh Ali, "World of Fuel Cells",** Livro publicado Lambert Academic Publishing,
Omni-Scriptum GmbH e Co. KG, abril de 2022.

ISBN: 978-620-4-74855-91.

[67]. Fouad A. S. Soliman, Nehal Abou-el fotoh Ali e Wafaa A. Zekri, "Engenharia de Sistemas Fotovoltaicos", Publicação Livro Lambert
Publicação académica, Omni-Scriptum GmbH and Co. KG, abril de 2022.
ISBN: 978-620-4-74893-11.

[68]. Fouad A. S. Soliman, Amira A. Abo-talib e Doaa H. Hanafy, " Papel da Engenharia Eletrónica nas Ciências Automóvel e Mecânica
ence, Livro Publicado Lambert Academic Publishing, Omni-Scriptum,
GmbH e Co. KG, maio de 2022.
ISBN: 978-620-4-75130-61.

[69]. Fouad A. S. Soliman, Nihal Abou-alfotoh Ali," Nano-fiber: A Future of Materials", Livro publicado Lambert Academic Publishing,
Omni-Scriptum, GmbH e Co. KG, maio de 2022.
ISBN: 978-620-4-95505-616.

[70]. Fouad A. S. Soliman, Sanaa A. Kamh e Doaa H. Hanafy, "The Brilliant Future of Lithium in Energy Storage", livro publicado Lambert Academic Publishing, Omni-Scriptum, GmbH e Co. KG, maio de 2022.
ISBN: 978-620-4-98014-0165519.

[71]. Fouad A. S. Soliman, e Hamed I. E. Mira, "Stereo Microscope: a ferramenta de nano-imagem do futuro", livro publicado Lambert
Publicação académica, Omni-Scriptum, GmbH and Co. KG, maio de 2022.
ISBN: 978-620-5489-406.

[72]. Fouad A. S. Soliman, Amira A. Abo-talib El-laboudi e Karima A.
Mahmoud, "Futuro das tecnologias híbridas de energia", Livro publicado
Lambert Academic Publishing, Omni-Scriptum, GmbH e Co. KG, maio de 2022.
ISBN: 978-620-5489-406.

[73]. Fouad A. S. Soliman, Wafaa Abdel-basit Zekri e Karima A.
Mahmoud, "The Brilliant Future of Digital Imaging", publicado
Livro Lambert Academic Publishing, Omni-Scriptum, GmbH and Co.
KG, agosto de 2022.

ISBN: 978-6205-4956-12.

[74]. Fouad A. S. Soliman, **"Future of Interdisciplinary Sciences"**, Livro publicado Lambert Academic Publishing, Omni-Scriptum, GmbH and Co. KG, outubro de 2022.
ISBN: 978-620-5-50245-71.

[75]. Fouad A. S. Soliman e **Karima A. Mahmoud, "Fewer Losses on Geração de energia renovável e aplicações"**, Livro publicado Lambert Academic Publishing, Omni-Scriptum, GmbH e Co. KG, outubro de 2022.
ISBN: 978-620-4-980669.

[76]. Fouad A. S. Soliman, **Amira Abou-talib El-laboudi e Doaa H. Hassan, "Food Energy"**, Livro publicado, Lambert Academic Publicação, Omni-Scriptum, GmbH e Co. KG, outubro de 2022.
ISBN: 978-620-5-50995-116.

[77]. Fouad A. S. Soliman, **Wafaa Abdel-basit Zekri & Karima A. Mahmoud," O Mundo Brilhante do Grafeno"**, Livro Publicado Lambert Academic Publishing, Omi-Scriptum, GmbH e Co. KG, outubro de 2022.
ISBN: 978-620-5-51599-016.

[78]. Fouad A. S. Soliman, **Amira A. Abo-talib & Doaa H. Hanafy," Wind As a Mainstream Renewable Power"**, Livro publicado Lambert Publicação académica, Omni-Scriptum, GmbH and Co. KG, outubro de 2022.
ISBN: 978-620-5-52588-316.4

[79]. Fouad A. S. Soliman, e **Karima A. Mahmoud,** "Unmanned Aerial Aplicações e desenvolvimento de veículos para pesos de poucos gramas", Livro publicado Lambert Academic Publishing, Omni-Scriptum, GmbH and Co. KG, outubro de 2022.
ISBN: 978-620-4-980669.

[80]. Fouad A. S. Soliman, e **Karima A. Mahmoud,** "The Benefits of O plástico e os seus perigos iminentes para a humanidade". Livro publicado Lambert Academic Publishing, Omni-Scriptum, GmbH and Co. KG, Out. 2022.
ISBN: 978-620-5622472.

[81]. Fouad A. S. Soliman, e **Karima A. Mahmoud, "Advanced Tecnologias para prospeção e mineração de ouro"**, Livro publicado

Lambert Academic Publishing, Omni-Scriptum, GmbH e Co. KG, fevereiro de 2023.
ISBN: 978-620-6142263.

[82]. Fouad A. S. Soliman, e Karima A. Mahmoud, "Neuro-linguistic Programing", Livro publicado Lambert Academic Publishing, Omni-
Scriptum, GmbH e Co. KG, março de 2023.
ISBN: 978-620-14432.

[83]. Fouad A. S. Soliman, e Karima A. Mahmoud, "Future Techniques
In Mind Mapping", publicado no livro Lambert Academic Publishing,
Omni-Scriptum, GmbH, and Co. KG, março de 2023.
ISBN: 978-6206-147640.

[84]. Fouad A. S. Soliman, e Hamid I. E. Mira, "Copper for Bright O futuro das energias renováveis", Livro publicado Lambert Academic
Publicação, Omni-Scriptum, GmbH e Co. KG, março de 2023.
ISBN: 978-6206-142263.

[85]. Fouad A. S. Soliman, Amira A. Abo-talib e Doaa H. Hanafy, Renewable Energy the Power of World by 2050", Livro publicado
Lambert Academic Publishing, Omni-Scriptum, GmbH e Co. KG, março de 2023. abril de 2023.
ISBN: 978-6206-153573.

[86]. Fouad A. S. Soliman e Karima A. Mahmoud, Global Energy Interligação e prática" Livro publicado Lambert Academic Publicação Omni-Scriptum, GmbH e Co. KG. abril de 2023.
ISBN: 978-6206-153573.

[87]. Fouad A. S. Soliman, Hamid I. E. Mira e Karima A. Mahmoud, "Uma visão do mundo da tecnologia da energia eólica". Publicado
Livro Lambert Academic Publishing, Omni-Scriptum, GmbH and Co.
KG. setembro de 2023.
ISBN: 978-6206-781967.

[88]. Fouad A. S. Soliman, Wafaa A. Zekri e Karima A. Mahmoud, "O papel do hidrogénio na vida humana". Livro publicado Lambert
Publicação académica, Omni-Scriptum, GmbH e Co. KG. setembro de 2023.
ISBN: 978-6206-78625-2.

[89]. Fouad A. S. Soliman, e Karima A. Mahmoud, "Future of

Energias Renováveis e Técnicas de Armazenamento". Livro publicado
Lambert Academic Publishing, Omni-Scriptum, GmbH e Co. KG.
setembro de 2023.
ISBN: 978-6206-790570.

[90]. Fouad A. S. Soliman, **Hamid I. E. Mira e Karima A. Mahmoud,**
"Importância, pobreza, transmissão e segurança das energias renováveis
Energia". Livro publicado Lambert Academic Publishing, Omni-
Scriptum, GmbH e Co. KG. setembro de 2023.
ISBN: 978-6206-8433513.

[91]. Fouad A. S. Soliman, **Hamid I. E. Mira e Karima A. Mahmoud,**
"Rumo a 100 % de energias renováveis". Livro publicado Lambert
Academic Publishing, Omni-Scriptum, GmbHand Co. KG. Dez. 2023.
ISBN: 978-620-7-44774-9.

[92]. Fouad A. S. Soliman, **e Karima A. Mahmoud, "Vehicles**
Operação para um futuro não poluído". Livro publicado Lambert
Publicação académica, Omni-Scriptum, GmbH e Co. KG. Dez. 2023.
ISBN: 978-620-7-45399-3.

[93]. Fouad A. S. Soliman, **e Karima A. Mahmoud, "World of**
Fotónica". Livro publicado Lambert Academic Publishing, Omni-
Scriptum, GmbH e Co. KG. dezembro de 2023.
ISBN: 978-620-7-45399-3.

[94]. Fouad A. S. Soliman, **e Karima A. Mahmoud, "Electronics and**
Informática para eleições justas". Livro publicado
Publicação académica, Omni-Scriptum, GmbH e Co. KG. Dez. 2023.
ISBN: 978-620-7-474783.

[95]. Fouad A. S. Soliman **e Karima A. Mahmoud, "Phosphates,**
Ácidos Fosfóricos e Células Fule". Livro publicado Lambert Academic
Publishing, Omni-Scriptum, GmbH and Co. KG. dezembro de 2023.
ISBN: 978-620-7-484935.

[96]. Fouad A. S. Soliman, **e Karima A. Mahmoud, "Waste Heat**

Recovery for Power Generation Applications". Livro publicado
Lambert Academic Publishing, Omni-Scriptum, GmbH e Co. KG.
dezembro de 2023.
ISBN: 978-620-7-48768-4.

[97]. Fouad A. S. Soliman, e Karima A. Mahmoud, **"Solar Energy Engenharia".** Livro publicado Lambert Academic Publishing,
Omni-
Scriptum, GmbH e Co. KG, maio de 2024.
ISBN: 978-620-7-64062-1.

[98]. Fouad A. S. Soliman, e Karima A. Mahmoud, **"New Look to the**
O mundo da energia negra e dos materiais". Livro publicado Lambert
Publicação académica, Omni-Scriptum, GmbH e Co. KG, junho
de 2024.
ISBN: 978-620-7-64872-6.

[99]. Fouad A. S. Soliman, e Karima A. Mahmoud, **"Inteligência Artificial**
e o Futuro da Humanidade". Livro publicado Lambert
Academic
Publicação, Omni-Scriptum, GmbH e Co. KG, junho de 2024.
ISBN: 978-620-7-65198-6

.

Karima A. Mahmoud
Investigador de Física

[1]. **Fouad A. S. Soliman** e Karima A. Mahmoud, **"Future of**
Materiais Compósitos" Livro publicado, Lambert Academic
Publishing,
Omni-Scriptum GmbH e Co. KG, julho de 2019.
ISBN 978-620-0-24780-3.

[2]. **Fouad A. S. Soliman** e Karima A. Mahmoud, **"Neurons Modeling**
e Circuitos Eléctricos Equivalentes", Publicação, Omni-
Scriptum GmbH
and Co. KG, agosto de 2019.
ISBN 978-620-0-29375-6.

[3].   Fouad A. S. Soliman e Karima A. Mahmoud "Future of Electron
        Beam Applications", Publishing, Omni-Scriptum GmbH and Co. KG,
        setembro de 2019.
        ISBN 978-620-0-43740-2.
[4].   Fouad A.S.Soliman e Karima A. Mahmoud, "Renewable Energy
        e o futuro da vida humana", Livro publicado Lambert Academic
        Publicação, Omni-Scriptum GmbH e Co. KG, fevereiro de 2020.
        ISBN 978-620-0-53632-7.
[5].   Fouad A. S. Soliman, Karima A. Mahmoud e Amira Abdel-magid,
        "Projecções, desenvolvimentos e explorações de energias renováveis
        Recursos" Livro publicado, Lambert Academic Publishing, Omni
        Scriptum GmbH and Co. KG, março de 2020.
        ISBN 978-620-065158-7.
[6].   Fouad A. A. Soliman, Wafaa Abd El-Basit e Karima A. Mahmoud,
        "Tecnologias fotovoltaicas inteligentes e o futuro da energia",
        Livro publicado, Lambert Academic Publishing, Omni- Scriptum GmbH
        and Co. KG, março de 2020.
        ISBN 978-620-251267-1
[7].   Fouad A. S. Soliman, Sanaa A.Kamh e Karima A. Mahmoud",
        Tecnologia de hardware de código aberto, Livro publicado, Lambert
        Publicação académica, Omni-Scriptum GmbH e Co. KG, abril de 2020.
        ISBN 978-620-2-51639-6.
[8].   Fouad A. S. Soliman e Karima A. Mahmoud, "New Trends in
        Benefícios das energias renováveis para a humanidade", livro publicado, Lambert
        Publicação académica, Omni-Scriptum GmbH e Co. KG, maio de 2020.
        ISBN 978-620-2-51887-1.
[9].   Fouad A. S. Soliman, Ashraf M. Abdel-maksoud e Karima A.
        Mahmoud," Armazenamento, transmissão e monitorização de energia",
        Livro publicado, Lambert Academic Publishing, Omni-Scriptum GmbH
        e Co. K.G., maio de 2020.

ISBN 978-6213-94971-2.

[10]. **Fouad A. S. Soliman**, Karima A. Mahmoud e Amira Abdel-Magid,
"Projecções, desenvolvimentos e explorações de energias renováveis
Recursos" Livro publicado, Lambert Academic Publishing, Omni-
Scriptum GmbH and Co. KG, março de 2020.
ISBN 978-620-065158-7.

[11]. **Fouad A. A. Soliman**, Wafaa Abd El-Basit e Karima A. Mahmoud"
Smart Photovoltaic Technologies and the Future of Energy"
(Tecnologias fotovoltaicas inteligentes e o futuro da energia),
Livro publicado, Lambert Academic Publishing, Omni-Scriptum GmbH
and Co. KG, março de 2020.
ISBN 978-620-251267-1

[12]. **Fouad A. S. Soliman, Sanaa A. Kamh** e Karima A. Mahmoud",
Tecnologia de hardware de código aberto, Livro publicado, Lambert
Publicação académica, Omni-Scriptum GmbH e Co. KG, abril de 2020.
ISBN 978-620-2-51639-6

[13]. Fouad A. S. Soliman e Karima A. Mahmoud, **" New Trends in**
Benefícios das energias   renováveis para a humanidade",
livro publicado, Lambert
Publicação académica, Omni-Scriptum GmbH and Co. KG, maio de 2020.
ISBN 978-620-2-51887-1.

[14]. **Fouad A. S. Soliman, Ashraf M. Abdel-maksoud** e Karima A.
Mahmoud, **"Armazenamento, transmissão e monitorização de energia",**
Livro publicado, Lambert Academic Publishing, Omni-Scriptum GmbH
and Co. KG, maio de 2020.
ISBN 978-613-4-94971-2.

[15]. **Fouad S. S. Soliman,** e Karima A. Mahmoud, **"Climate Effects on**
Sistemas fotovoltaicos e sua manutenção e reciclagem", Livro publicado,
Lambert Academic Publishing, Omni-Scriptum GmbH e Co. KG, junho

2020.
ISBN 978-620-2-56451-9.

[16]. **Fouad A. S. Soliman, Safaa M. El-Ghanam e** Karima A. Mahmoud**, "O mundo das tecnologias de gel",** Livro publicado,
Lambert Academic Publishing, Omni-Scriptum GmbH e Co. KG, agosto de 2020.
ISBN 978-620-2-68432-3.

[17]. **Fouad A. S. Soliman, Ashraf M. Abedel-maksoud e** Karima A. Mahmoud**", Tecnologias de energia autónoma e distribuída Systems",** Livro Publicado, Lambert Academic Publishing, Omni-
Scriptum GmbH and Co. KG, setembro de 2020.
ISBN 978-620-0-50455-6.

[18]. **Fouad A. S. Soliman, Ashraf M. Abedel-maksoud e** Karima A. Mahmoud**", Technology and Future of Nano-fluids",** Livro publicado,
Lambert Academic Publishing, Omni-Scriptum GmbH e Co. KG, setembro de 2020.
ISBN 978-620-2-80132-4.

[19]. **Fouad A. S. Soliman, Sanaa A.** Kamh e Karima A. Mahmoud,
"Novas tendências em redes de energia micro e híbridas", Livro publicado,
Lambert Academic **Publishing**, Omni-Scriptum GmbH e Co. KG, dezembro de 2020.
ISBN 978-620-2-92022-3.

[20]. **Fouad A. S. Soliman, Safaa R. El-Ghanam e** Karima A. Mahmoud, "Novas Tendências em Sistemas Fotovoltaicos",
Livro Publicado,
Lambert Academic Publishing, Omni-Scriptum GmbH e Co, K.G. Dez. 2020.
ISBN 978-620-3-47075-8.

[21]. **Fouad A. S. Soliman, Hamed I. E. Mira e** Karima A. Mahmoud,
"Pneus de sucata entre as tecnologias de reciclagem e de bioenergia",
Livro publicado Lambert Academic Publishing, Omni-Scriptum GmbH
and Co. KG, março de 2021.
ISBN 978-620-57464-7.

[22]. **Fouad A. S. Soliman e** Karima A. Mahmoud, **"Automatic Moni-**

toring of PV-Systems', Livro publicado Lambert Academic. Publicação,
Omni-Scriptum GmbH e Co. KG, setembro de 2021.
ISBN 978-620-3-58196-6.

[23]. Fouad A. S. Soliman, Hamed I. E. Mira e Karima A. Mahmoud,
"Hidrogénio: O Futuro dos Combustíveis sem Carbono", Livro Publicado
Lambert Academic Publishing, Omni-Scriptum GmbH e Co. KG, outubro de 2021.
ISBN 978-620-40 20741-4.

[24]. Fouad A. S. Soliman, e Karima A. Mahmoud, "Unmanned Aerial
Aplicações e desenvolvimento de veículos para pesos de poucos gramas",
Livro publicado Lambert Academic Publishing, Omni-Scriptum, GmbH and Co. KG, outubro de 2022.
ISBN: 978-620-4-980669.

[25]. Fouad A. S. Soliman, e Karima A. Mahmoud, "The Benefits of O plástico e os seus perigos iminentes para a humanidade", livro publicado
Lambert Academic Publishing, Omni-Scriptum, GmbH e Co. KG, outubro de 2022.
ISBN: 978-620-5622472.

[26]. Fouad A. S. Soliman, e Karima A. Mahmoud, "Advanced Tecnologias para prospeção e mineração de ouro", Livro publicado
Lambert Academic Publishing Omni-Scriptum, GmbH e Co. KG, fevereiro de 2023.
ISBN: 978-620-6142263.

[27]. Fouad A. S. Soliman e Karima A. Mahmoud, "Neuro-linguistic
Programação", Livro publicado Lambert Academic Publishing, Omni-
Scriptum, GmbH e Co. KG, março de 2023.
ISBN: 978-620-14432.

[28]. Fouad A. S. Soliman, e Karima A. Mahmoud, "Global Energy Interligação e Prática". Livro publicado Lambert Academic Publicação, Omni-Scriptum, GmbH e Co. KG, abril de 2023.
ISBN: 978-6206-153573.

[29]. Fouad A. S. Soliman, Hamid I. E. Mira e Karima A. Mahmoud,

"Uma visão do mundo da tecnologia da energia eólica". Publicado
Livro Lambert Academic Publishing, Omni-Scriptum, GmbH and Co.
KG. setembro de 2023.
ISBN: 978-6206-781967.

[30]. **Fouad A. S. Soliman, Wafaa A. Zekri e** Karima A. Mahmoud, **Role**
do Hidrogénio na Vida Humana". Livro publicado Lambert Academic
Publishing, Omni-Scriptum, GmbH and Co. KG. setembro de 2023.
ISBN: 978-6206-78625-2.

[31]. **Fouad A. S. Soliman e** Karima A. Mahmoud, **"Future of**
Energias Renováveis e Técnicas de Armazenamento". Livro publicado
Lambert Academic Publishing, Omni-Scriptum, GmbH e Co. KG.
setembro de 2023.
ISBN: 978-6206-790570.

[32]. **Fouad A. S. Soliman, Hamid I. E. Mira e** Karima A. Mahmoud,
"Importância, pobreza, transmissão e segurança das energias renováveis
Energia". Livro publicado Lambert Academic Publishing, Omni-Scriptum, GmbH e Co. KG. setembro de 2023.
ISBN: 978-6206-8433513.

[33]. **Fouad A. S. Soliman, Hamid I. E. Mira e** Karima A. Mahmoud,
"Rumo a 100 % de energias renováveis". Livro publicado Lambert
Publicação académica, Omni-Scriptum, GmbH e Co. KG. Dez. 2023.
ISBN: 978-620-7-44774-9.

[34]. **Fouad A. S. Soliman, e** Karima A. Mahmoud, **"Vehicles Operation**
Um futuro não poluído". Livro publicado Lambert Academic Publishing, Omni-Scriptum, GmbH e Co. KG. dezembro de 2023.
ISBN: 978-620-7-45399-3.

[35]. Fouad A. S. Soliman, **e Karima A. Mahmoud, "World of**
Fotónica". Livro publicado Lambert Academic Publishing, Omni-Scriptum, GmbH e Co. KG. dezembro de 2023.
ISBN: 978-620-7-467945.

[36]. **Fouad A. S. Soliman, e** Karima A. Mahmoud, **"Electronics and Ciências da Computação para eleições justas".** Livro publicado Lambert

Publicação académica, Omni-Scriptum, GmbH e Co. KG. Dez. 2023.

ISBN: 978-620-7-474783.

[37]. **Fouad A. S. Soliman e** Karima A. Mahmoud, **"Phosphates, Ácidos Fosfóricos e Células Fule".** Livro publicado Lambert Academic

Publishing, Omni-Scriptum, GmbH and Co. KG. dezembro de 2023.

ISBN: 978-620-7-484935.

[38]. **Fouad A. S. Soliman, e** Karima A. Mahmoud, **"Waste Heat Reco-**

very for Power Generation Applications". Livro publicado Lambert

Publicação académica, Omni-Scriptum, GmbH e Co. KG. Dez. 2023.

ISBN: 978-620-7-48768-4.

[39]. **Fouad A. S. Soliman, e** Karima A. Mahmoud, **"Solar Energy Engin-**

eering". Livro publicado Lambert Academic Publishing, Omni-Scriptum,

GmbH e Co. KG, maio de 2024.

ISBN: 978-620-7-64062-1.

[40]. **Fouad A. S. Soliman, e** Karima A. Mahmoud, **"New Look to the**

O mundo da energia negra e dos materiais". Livro publicado Lambert

Publicação académica, Omni-Scriptum, GmbH e Co. KG, junho de 2024.

ISBN: 978-620-7-64872-6.

[41]. **Fouad A. S. Soliman, e** Karima A. Mahmoud, **"Inteligência Artificial**

e o Futuro da Humanidade". Livro publicado Lambert Academic

Publicação, Omni-Scriptum, GmbH e Co. KG, junho de 2024.

ISBN: 978-620-7-65198-6.

Agradecimentos

Estamos ajoelhados em obediência a ALÁ, agradecendo-Lhe por me ter mostrado o caminho certo. Sem a ajuda de Deus, os nossos esforços ter-se-iam perdido. Foi com a graça de Deus que conseguimos alcançar este grande feito. Agradecemos também a uma pessoa que amamos muito, o Profeta Maomé (que Deus o louve e lhe dê paz).

Gostaríamos também de expressar a nossa mais profunda gratidão a:

- Nuclear Materials Authority, Cairo, Egipto.
Funcionário dos diferentes sectores.

- Women College for Arts, Science, and Education, Ain-shams University, Cairo, Egipto
Membros do pessoal do Departamento de Física e do Laboratório de Investigação em Eletrónica.

- Centro Nacional de Investigação e Tecnologia das Radiações, Cairo, Egipto
Membros do pessoal do Departamento de Física das Radiações.

- Membros do pessoal do Centro Egípcio de Estudos Económicos, Investigação Científica e Ambiental e Desenvolvimento.

Resumo

Estimativa do aquecimento global até 2100 associado a vários cenários: Pontos verdes: A proposta da Agência Internacional de Energia para reduzir as emissões relacionadas com a energia para zero líquido até 2050 é consistente com a limitação do aquecimento global a 1,5°C. Pontos amarelos: Os compromissos de redução líquida zero e outros compromissos de redução das emissões limitariam o aumento da temperatura a cerca de 1,7°C. Pontos azuis: Uma vez que muitos compromissos climáticos não são apoiados por políticas, as políticas anunciadas a partir de 2022 limitariam o aumento da temperatura a cerca de 2,5°C. Pontos vermelhos: Antes do Acordo de Paris de 2015, o mundo estava numa trajetória de aquecimento global de 3,5°C.

As emissões líquidas globais nulas descrevem o estado em que as emissões de gases com efeito de estufa devidas às actividades humanas e as remoções desses gases estão em equilíbrio durante um determinado período. É frequentemente designado simplesmente por "net zero". Em alguns casos, as emissões referem-se às emissões de todos os gases com efeito de estufa e, noutros, apenas às emissões de dióxido de carbono (CO2). Para atingir os objectivos de zero emissões líquidas são necessárias acções para reduzir as emissões. Um exemplo seria a mudança de energia de combustíveis fósseis para fontes de energia sustentáveis. As organizações compensam frequentemente as suas emissões residuais através da compra de créditos de carbono.

As pessoas utilizam frequentemente os termos "emissões líquidas nulas", "neutralidade carbónica" e "neutralidade climática" com o mesmo significado. No entanto, em alguns casos, estes termos têm significados diferentes uns dos outros. Por exemplo, algumas normas para a certificação de neutralidade de carbono permitem uma grande compensação de carbono. No entanto, as normas de neutralidade carbónica exigem a redução das emissões em mais de 90% e, em seguida, apenas a compensação dos restantes 10% ou menos, de modo a cumprir os objectivos de 1,5°C.

Nos últimos anos, o valor líquido zero tornou-se o principal enquadramento para a ação climática. Muitos países e organizações estão a definir metas de zero emissões líquidas. Em novembro de 2023, cerca de 145 países tinham anunciado ou estavam a considerar metas de emissões líquidas nulas, abrangendo cerca de 90% das emissões globais. Estes incluem alguns países que resistiram à ação climática nas décadas anteriores. As metas líquidas zero a nível nacional abrangem agora 92% do PIB mundial, 88% das emissões e 89% da população mundial. 65% das

2 000 maiores empresas cotadas na bolsa, em termos de receitas anuais, têm objectivos líquidos nulos. Entre as empresas da Fortune 500, a percentagem é de Empresa
Os objectivos podem resultar tanto de acções voluntárias como de regulamentação governamental.

As reivindicações de emissões   líquidas nulas variam enormemente quanto ao seu grau de credibilidade, mas a maioria tem pouca credibilidade, apesar do número crescente de compromissos e objectivos. Embora 61% das emissões globais de dióxido de carbono estejam abrangidas por algum tipo de objetivo de emissões líquidas nulas, os objectivos credíveis abrangem apenas 7% das emissões. Esta baixa credibilidade reflecte a falta de regulamentação vinculativa. Deve-se também à necessidade de inovação e investimento contínuos para tornar possível a descarbonização.

O estudo Future of Energy Storage explorou o papel que o armazenamento de energia pode desempenhar no combate às alterações climáticas e na adoção global de redes de energia limpa. A substituição da produção de energia baseada em combustíveis fósseis pela produção de energia a partir de recursos eólicos e solares é uma estratégia fundamental para descarbonizar a eletricidade. O armazenamento permite que os sistemas eléctricos permaneçam equilibrados apesar das variações na disponibilidade eólica e solar, permitindo uma descarbonização profunda e rentável, mantendo a fiabilidade.

O relatório O Futuro do Armazenamento de Energia é uma análise essencial deste componente fundamental para a descarbonização da nossa infraestrutura energética e para o combate às alterações climáticas.

O armazenamento de energia é um potencial substituto ou complemento de quase todos os aspectos de um sistema elétrico, incluindo a produção, a transmissão e a flexibilidade da procura. O armazenamento deve ser co-otimizado com a produção limpa, os sistemas de transmissão e as estratégias para recompensar os consumidores por tornarem a sua utilização da eletricidade mais flexível.

Palavras-chave

Publicado, extensa, revisão, estudo, para, estimar, as, metas, de, armazenamento, de, energia, que, impulsionarão, o, necessário, impulso, na, implantação, de, armazenamento, urgentemente, necessário, hoje, as, trajectórias, actuais, do, mercado, para, a, implantação, de, armazenamento, estão, significativamente, subestimando, as, necessidades, do, sistema, de, armazenamento, de, energia, continuam, históricas, taxas, de, implantação, a, Europa, não, será, capaz, de, integrar, as, renováveis, em, rápido, crescimento, e, ficar, aquém, dos, objectivos, climáticos, relatório, destacamos, as, áreas, em, que, as, necessidades, de, armazenamento, estão, subestimadas, descobrimos, que, muitos, estudos, não, abordam, as, tecnologias, chave, de, armazenamento, de, energia, durações, frequentemente, subvalorizando, as, tecnologias, de, baixas, emissões, de, energia, de, transferência, de, recursos, sobrevalorizando, a, utilização, de, centrais de, combustíveis, fósseis, especialmente, no, horizonte, além disso, as, necessidades, de, armazenamento, devem, estar, alinhadas, com, os, objectivos, climáticos, existentes, hoje, especialmente, como, o, armazenamento, facilitador, chave, acelerado, das, renováveis, para, a, construção, prevista, na, Europa, nós, temos, em, conta, estes, pontos, as, nossas, estimativas, de, objectivos, para, 2030 e 2050, com base, na, análise, de, armazenamento, necessidades, de, implantação, de, aceleração, pelo, menos, para, atingir, o, objetivo, de, aproximadamente, pelo menos, 600 GW, de, armazenamento, necessários, para, o, sistema, energético, sendo, mais, de, dois terços, fornecidos, por, tecnologias, de, transferência, de, energia, de, energia-para-X, relatório, importante, fonte, de, informação, que, informa, pressupostos, fundamentais, para, os, futuros, planos, do, sistema, energético, prioridade política, a par das energias renováveis, sem, estratégia paralela de armazenamento, expansão, tecnologias de armazenamento de energia prontas para o mercado, incapazes, de alcançar um sistema de energia líquido-zero, arriscando, exposição contínua, mercados voláteis de energia fóssil, salientar, prioridades para o armazenamento, compromisso político claro, Comissão Europeia, estratégia de armazenamento de energia, incluindo, metas de armazenamento de energia, replicando, no âmbito, ambição, estratégia para o hidrogénio, promover, aceitação, tecnologias de armazenamento de energia, fornecendo, sinais claros, investidores, indústria de armazenamento de energia, impulsionar o, necessário, aumento, de escala, soluções de armazenamento, compromisso, eliminar, ainda, existentes, barreiras, implantação e operação, armazenamento de energia, implementação da Comissão Europeia, REPower EU, plano de ação, a revisão em curso, Conceção do Mercado da Eletricidade, condensadores armazenam energia, campo eletrostático, entre, as suas placas, dada, a diferença de potencial, através dos condutores, ligados através de uma bateria, desenvolve-se um campo elétrico, através do dielétrico, causando, carga positiva, recolher, uma, placa, e, carga negativa, para outra placa, bateria, ligado, condensador, quantidade suficiente de tempo, nenhuma corrente, pode fluir, através do condensador, no entanto, acelerando ou alternando volt-age, aplicado, através, leads, condensador, deslocamento, corrente pode fluir. Além disso, as placas do condensador, carga, também, podem, ser armazenadas, camada dieléctrica, maior, dada, separação, entre, condutores, condutores, têm, maior área de superfície, prática, dieléctrica entre, placas, emite pequena quantidade, corrente de fuga, limite de força de campo elétrico, conhecido como, tensão de rutura, recuperação, dieléctrica, após, rutura de alta tensão, manter, e prometer.

Índice

Capítulo (1)

Introdução sobre o Net Zero Emissions e Objectivos de armazenamento de energia para 2030 e 2050

1.1. Prefácio

A EASE publicou um extenso estudo de revisão para estimar o armazenamento de energia
Metas para 2030 e 2050, que impulsionarão a implantação do armazenamento, hoje urgentemente necessária. As actuais trajectórias do mercado para a implantação do armazenamento estão a subestimar significativamente as necessidades do sistema de armazenamento de energia. Se continuarmos a manter as taxas históricas de implantação, a Europa não conseguirá integrar as energias renováveis em rápido crescimento e ficará aquém dos seus objectivos climáticos para 2030 e 2050.

No presente relatório, destacamos uma série de domínios em que as necessidades de armazenamento estão subestimadas e constatamos que muitos estudos não abordam todas as principais tecnologias e durações do armazenamento de energia, subvalorizando frequentemente as tecnologias de baixas emissões e os recursos de transferência de energia e sobrevalorizando a utilização de centrais de combustíveis fósseis, especialmente no horizonte de 2030. Além disso, as necessidades de armazenamento devem ser alinhadas com os actuais objectivos climáticos, especialmente porque o armazenamento é um fator essencial para a aceleração da construção de energias renováveis prevista na Europa.

Temos em conta estes pontos nas nossas estimativas de objectivos para 2030 e 2050 e, com base na nossa análise, a implantação do armazenamento tem de aumentar para, pelo menos, 14 GW/ano, a fim de cumprir um objetivo de cerca de 200 GW até 2030. Até 2050, serão necessários, pelo menos, 600 GW de armazenamento no sistema energético, mais de dois terços dos quais serão fornecidospor tecnologias de transferência de energia (power-to-X-to-power). O nosso relatório é uma importante fonte de informação para fundamentar os principais pressupostos do armazenamento no futuro planeamento do sistema energético.

O armazenamento de energia tem de se tornar uma prioridade política a par das energias renováveis. Sem uma estratégia paralela de armazenamento e sem a expansão de tecnologias de armazenamento de energia prontas para o mercado, a UE não conseguirá alcançar um sistema de energia líquida zero, arriscando-se a continuar exposta a mercados voláteis de energia fóssil. Sublinhamos estes pontos essenciais. oridades de armazenagem:

- Um compromisso político claro da Comissão Europeia em relação a uma estratégia de armazenamento de energia, incluindo objectivos de armazenamento de energia que reproduzam, em termos de âmbito e ambição, a estratégia para o hidrogénio.
- Promover a adoção de tecnologias de armazenamento de energia, dando sinais claros aos investidores e à indústria de armazenamento de energia para impulsionar a necessária expansão das soluções de armazenamento e um compromisso no sentido de eliminar os obstáculos ainda existentes à sua implantação e funcionamento.
- Integrar o armazenamento de energia na execução pela Comissão Europeia do plano de ação REPowerEU e na revisão em curso da conceção do mercado da eletricidade.

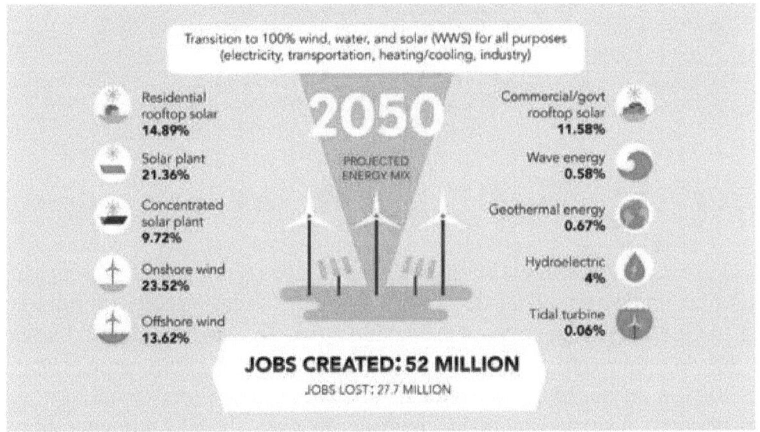

1.2. Roteiro atualizado para emissões líquidas nulas até 2050
1.2.1. Introdução

Em 2021, a AIE publicou o seu relatório Net Zero by 2050: A Roadmap for the Global Energy Sector, que estabelece um caminho estreito mas exequível para que o sector energético global atinja emissões líquidas zero até 2050. No entanto, muito mudou no curto espaço de tempo desde que esse relatório foi publicado.

Em 2021, a economia mundial recuperou a uma velocidade recorde da pandemia de COVID-19, com o crescimento do PIB a atingir 5,9 %. Com a estagnação das melhorias da intensidade energética, a procura mundial de energia aumentou 5,4%. O aumento da procura de energia foi parcialmente satisfeito por uma maior utilização de carvão, o que resultou num salto de 1,9 gigatoneladas (Gt) nas emissões em 2021, o maior aumento anual das emissões globais de CO2 do sector da energia alguma vez registado. As emissões totais de CO2 do sector da energia atingiram assim 36,6 Gt em 2021.

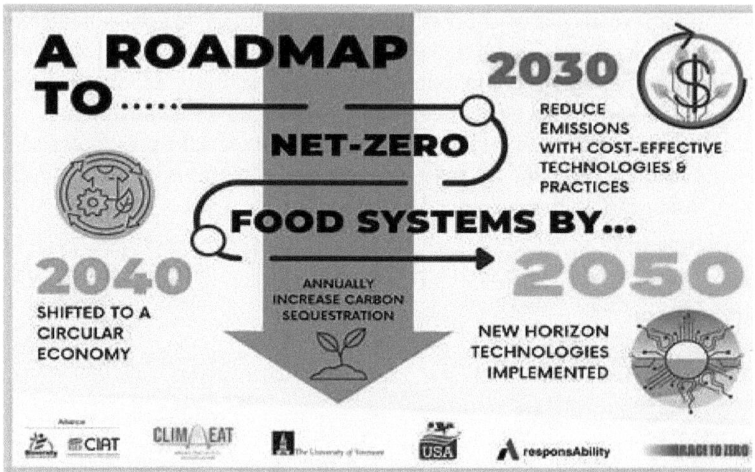

O investimento recente em infra-estruturas de combustíveis fósseis não incluídas no Cenário 2021 de emissões líquidas nulas até 2050 resultaria em 25 Gt de emissões se fosse executado até ao fim da sua vida útil (cerca de 5% do orçamento de carbono restante para 1,5 °C). Ao mesmo tempo, em 2021, a produção de eletricidade a partir de fontes renováveis atingiu um máximo histórico, com um recorde de mais de 500 terawatts-hora (TWh) acima do nível registado em 2020.

1.2.2. Transição liderada pela procura

A descarbonização do sistema energético começa com alterações na procura, que conduzem a reduções significativas na utilização de combustíveis fósseis até 2030 no Cenário NZE, em comparação com o Cenário STEPS. A crescente implantação da produção solar e eólica substitui os combustíveis fósseis no sector da energia, em particular o carvão.

A procura de petróleo é reduzida principalmente através da adoção generalizada de veículos eléctricos e de mudanças de comportamento, enquanto a eficiência desempenha um papel importante na redução da procura nos sectores da indústria e da construção.

A capacidade de produção de muitos materiais e tecnologias essenciais tem de ser aumentada para se alinhar com as ambições de emissões líquidas nulas.

1.3. Colmatar as lacunas de produção

Há sinais positivos de que este aumento de escala já começou. Os planos anunciados para as baterias de veículos eléctricos e os painéis solares são quase suficientes para atingir os níveis previstos para 2030 no NZE, embora ainda existam grandes lacunas no que respeita a tecnologias-chave como os electrolisadores.

1.4. Principais conclusões

- Em 2021, a AIE publicou o seu relatório Net Zero by 2050: A Roadmap for the Global Energy Sector. No entanto, no curto espaço de tempo que decorreu desde então, muita coisa mudou. A economia mundial recuperou da pandemia de Covid-19 e, com a primeira crise energética mundial, os preços da energia atingiram níveis recorde em muitos mercados, fazendo com que a energia preocupações de segurança.

- Em 2021, as emissões aumentaram num recorde de 1,9 Gt, atingindo 36,6 Gt, impulsionadas por um crescimento económico pós-pandémico extraordinariamente rápido, por um progresso lento na melhoria da intensidade energética e por um aumento da procura de carvão, mesmo com o aumento da capacidade das energias renováveis a atingir níveis recorde. O investimento recente em infra-estruturas de combustíveis fósseis não incluído no nosso Cenário NZE 2021 resultaria em 25 Gt de emissões se fosse executado até ao fim da sua vida útil (cerca de 5% do orçamento de carbono restante para 1,5 °C).

- Apesar destes desenvolvimentos, na sua maioria desencorajadores, a trajetória descrita no Cenário "Net Zero Emissions by 2050" (NZE) continua a ser estreita, mas ainda exequível. Esta atualização do Cenário NZE oferece uma descrição exaustiva da forma como os decisores políticos e outros podem responder coerentemente aos desafios das alterações climáticas, da acessibilidade energética e da segurança energética.

- Entre 2021 e 2030, as fontes de abastecimento de baixas emissões aumentam em cerca de 125 EJ no Cenário NZE. Este valor é equivalente ao crescimento do aprovisionamento energético mundial de todas as fontes nos últimos quinze anos. Entre as fontes de baixas emissões, a bioenergia moderna e a energia solar são as que mais crescem, aumentando em cerca de 35 EJ e 28 EJ, respetivamente, até 2030. No entanto, no período até 2050, o maior crescimento do aprovisionamento energético com baixas emissões provém da energia solar e eólica. Em 2050, os combustíveis fósseis não utilizados para fins energéticos representam apenas 5% do aprovisionamento energético total: a adição de combustíveis fósseis utilizados com CCUS e para fins não energéticos aumenta este valor para um pouco menos de 20%.

- No Cenário NZE, a eletricidade torna-se o novo elemento central do sistema energético mundial, fornecendo mais de metade do consumo final total e dois terços da energia útil até 2050. A produção total de eletricidade cresce 3,3% por ano até 2050, o que é mais rápido do que a taxa global de crescimento económico durante este período. As adições anuais de capacidade de todas as energias renováveis quadruplicam de 290 GW em 2021 para cerca de 1 200 GW em 2030. Com as energias renováveis a atingirem mais de 60 % da produção total em 2030, não são necessárias novas centrais a carvão não renovadas. Os acréscimos anuais de capacidade nuclear até 2050 são quase quatro vezes superiores à sua média histórica recente.

- No Cenário NZE, o aumento da oferta de energia limpa é complementado por medidas de poupança de energia, o que traz benefícios em termos de redução das emissões, acessibilidade e segurança energética. No Cenário NZE, as melhorias da intensidade energética até 2030 são quase três vezes mais rápidas do que na última década. Em 2030, as poupanças de energia resultantes da eficiência energética, da eficiência dos materiais e das mudanças de comportamento ascendem a cerca de 110 EJ, o que equivale ao consumo final total da China atual.

- Todos os sectores de utilização final atingem reduções de emissões superiores a 90% até 2050. O hidrogénio e os combustíveis à base de hidrogénio são utilizados na indústria pesada e nos transportes de longa distância, e a sua quota no consumo final total atinge cerca de 10% em 2050. A utilização de bioenergia é limitada a cerca de 100 EJ, no interesse da sustentabilidade, e atinge cerca de 15% do consumo final total em 2050. A captura de CO_2 totaliza 1,2 Gt em 2030, aumentando para 6,2 Gt em 2050, e mais de 60% desta captura ocorre na indústria e noutros sectores de transformação de combustíveis.

- O Cenário NZE exige um grande aumento do investimento em energias limpas. O investimento em energia representou um pouco mais de 2% do PIB mundial anualmente entre 2017 e 2021, e este valor aumenta para quase 4% até 2030 no Cenário NZE. A produção de eletricidade a partir de energias renováveis regista um dos maiores aumentos, passando de 390 mil milhões de dólares nos últimos anos para 1 300 mil milhões de dólares em 2030. Este nível de despesa em 2030 é igual ao nível mais elevado alguma vez gasto no abastecimento de combustíveis fósseis (1,3 biliões de dólares gastos em combustíveis fósseis em 2014).

- Existem alguns indícios positivos de que as tecnologias de energia limpa estão agora a aumentar rapidamente. A capacidade de produção de baterias para veículos eléctricos anunciada para 2030 é apenas 15% inferior ao nível de procura de baterias subjacente ao Cenário NZE no mesmo ano, enquanto que as expansões anunciadas da capacidade de produção de energia solar fotovoltaica seriam essencialmente suficientes para atingir o nível de implantação previsto no Cenário NZE, se forem entregues atempadamente. Partindo do princípio de que todas as expansões anunciadas da capacidade de produção, incluindo os projectos especulativos, serão plenamente implementadas, a produção cumulativa da capacidade de produção de electrolisadores poderá atingir 380 GW até 2030, o que representa ainda pouco mais de metade das necessidades de 2030 no Cenário NZE.

- No entanto, há muitos domínios em que os progressos estão muito aquém do previsto no Cenário NZE. O caminho para o sucesso exige que os decisores políticos façam muito mais para dar sinais do lado da procura, para desenvolver a cadeia de abastecimento das tecnologias limpas como um todo, para garantir que as cadeias de abastecimento sejam diversificadas e resistentes, e para promover o crescimento coordenado de diferentes partes de cadeias de abastecimento específicas.

- O emprego total no sector da energia aumenta de pouco mais de 65 milhões atualmente para 90 milhões em 2030 no Cenário NZE. Os novos postos de trabalho nas indústrias de energia limpa atingem 40 milhões até 2030, ultrapassando as perdas de emprego nas indústrias relacionadas com os combustíveis fósseis. Os postos de trabalho no sector dos combustíveis fósseis diminuem em 7 milhões até 2030 no Cenário NZE, sendo o sector do carvão o que regista o maior declínio, uma vez que os esforços de mecanização e de descarbonização conduzem a uma maior redução da indústria. A escassez de mão de obra qualificada nos projectos de construção de energias limpas já começa a ser observada, o que sublinha a importância de políticas laborais estratégicas e proactivas para criar a força de trabalho necessária à rápida expansão das tecnologias de energias limpas.

Capítulo (2)
Emissões líquidas nulas e armazenamento de energia

2.1. Emissões líquidas nulas
2.1.1. Superfície

Estimativa do aquecimento global até 2100 associado a vários cenários: Pontos verdes: A proposta da Agência Internacional de Energia para reduzir as emissões relacionadas com a energia para zero líquido até 2050 é consistente com a limitação do aquecimento global a 1,5°C. Pontos amarelos: Os compromissos de redução líquida zero e outros compromissos de redução das emissões limitariam o aumento da temperatura a cerca de 1,7°C. Pontos azuis: Uma vez que muitos compromissos climáticos não são apoiados por políticas, as políticas anunciadas a partir de 2022 limitariam o aumento da temperatura a cerca de 2,5°C. Pontos vermelhos: Antes do Acordo de Paris de 2015, o mundo estava numa trajetória de aquecimento global de 3,5°C [1].

As emissões líquidas globais nulas descrevem o estado em que as emissões de gases com efeito de estufa devidas às actividades humanas e as remoções desses gases estão em equilíbrio durante um determinado período. É frequentemente designado simplesmente por "net zero" [2]. Em alguns casos, as emissões referem-se às emissões de todos os gases com efeito de estufa e, noutros casos, referem-se apenas às emissões de dióxido de carbono (CO_2). Para atingir os objectivos de emissões líquidas nulas, são necessárias acções para reduzir as emissões. Um exemplo seria a mudança de energia de combustíveis fósseis para fontes de energia sustentáveis. As organizações compensam frequentemente as suas emissões residuais através da compra de créditos de carbono.

As pessoas utilizam frequentemente os termos "emissões líquidas nulas", "neutralidade carbónica" e "neutralidade climática" com o mesmo significado [3-6]. No entanto, em alguns casos, estes termos têm significados diferentes uns dos outros. Por exemplo, algumas normas de certificação de neutralidade carbónica permitem uma grande compensação de carbono. No entanto, as normas de neutralidade climática exigem a redução das emissões em mais de 90% e, em seguida, apenas a compensação dos restantes 10% ou menos, de modo a cumprir os objectivos de 1,5°C [7].

Nos últimos anos, o valor líquido zero tornou-se o principal quadro para a ação climática. Muitos países e organizações estão a definir metas de emissões líquidas nulas [8, 9]. Em novembro de 2023, cerca de 145 países tinham anunciado ou estavam a considerar metas de emissões líquidas nulas, abrangendo cerca de 90% das emissões globais [10]. Estes incluem alguns países que resistiram à ação climática nas décadas anteriores[11]. As metas líquidas nulas a nível nacional abrangem agora 92% do PIB mundial, 88% das emissões e 89% da população mundial. 65% das 2.000 maiores empresas cotadas na bolsa, em termos de receitas anuais, têm objectivos líquidos nulos. Entre as empresas da Fortune 500, a percentagem é de 63% [12, 13]. Os objectivos das empresas podem resultar tanto de acções voluntárias como de regulamentação governamental.

As reivindicações de emissões   líquidas nulas variam enormemente em termos de credibilidade, mas a maioria tem pouca credibilidade, apesar do número crescente de compromissos e objectivos [14]. Embora 61% das emissões globais de dióxido de carbono estejam abrangidas por algum tipo de objetivo de emissões líquidas nulas, os objectivos credíveis abrangem apenas 7% das emissões. Esta baixa credibilidade reflecte a falta de regulamentação vinculativa. Deve-se também à necessidade de inovação e investimento contínuos para tornar possível a descarbonização [15].

Até à data, 27 países adoptaram legislação nacional relativa ao valor líquido zero. Trata-se de leis aprovadas pelos órgãos legislativos que contêm objectivos de emissões líquidas nulas ou equivalentes [16]. Atualmente, não existe qualquer regulamentação nacional que exija legalmente que as empresas sediadas no país atinjam o nível zero líquido. Vários países, como por exemplo a Suíça, estão a desenvolver essa legislação [17].

2.1.2. História e justificação científica

A ideia do zero líquido surgiu da investigação efectuada no final da década de 2000 sobre a forma como a atmosfera, os oceanos e o ciclo do carbono estavam a reagir às emissões de CO_2. Esta investigação concluiu que o aquecimento global só cessará se as emissões de CO_2 forem reduzidas a zero líquido [18]. O valor líquido zero era fundamental para os objectivos do Acordo de Paris. Este afirma que o mundo deve "alcançar um equilíbrio entre as emissões antropogénicas por fontes e as remoções por sumidouros de gases com efeito de estufa na segunda metade deste século". O termo "net-zero" ganhou popularidade depois de o Painel Intergovernamental sobre as Alterações Climáticas ter publicado o seu Relatório Especial sobre o Aquecimento Global de 1,5 °C (SR15) em 2018, no qual afirmava que "Atingir e manter emissões antropogénicas globais de CO_2 net-zero e diminuir o forçamento radiativo líquido não-CO_2 pararia o aquecimento global antropo-génico em escalas temporais multidecadais (alta confiança)"[19].

A ideia de emissões líquidas nulas é frequentemente confundida com a "estabilização das concentrações de gases com efeito de estufa na atmosfera". Este é um termo que data da Convenção do Rio de 1992. Os dois conceitos não são os mesmos. Isto deve-se ao facto de o ciclo do carbono sequestrar ou absorver continuamente uma pequena percentagem das emissões históricas cumulativas de CO_2 de origem humana na vegetação e no oceano. Isto acontece mesmo depois de as actuais emissões de CO_2 serem reduzidas a zero [20]. Se a concentração de CO_2 na atmosfera se mantivesse constante, algumas emissões de CO_2 poderiam continuar. No entanto, as temperaturas médias globais à superfície continuariam a aumentar durante muitos séculos devido ao ajustamento gradual das temperaturas dos oceanos profundos. Se as emissões de CO_2 que resultam diretamente das actividades humanas forem reduzidas a zero, a concentração de CO2 na atmosfera diminuirá. Esta diminuição far-se-ia a um ritmo suficientemente rápido para compensar o ajustamento dos oceanos profundos. O resultado seria uma temperatura média global à superfície aproximadamente constante ao longo de décadas ou séculos [21]. Será mais rápido atingir emissões líquidas nulas só de CO2 do que de CO2 mais outros gases com efeito de estufa, como o metano, o óxido nitroso e os gases fluorados [22]. A data-limite de emissões líquidas nulas para as emissões que não sejam de CO2 é mais tardia, em parte porque os modeladores assumem que algumas destas emissões, como o metano proveniente da agricultura, são mais difíceis de eliminar gradualmente [22]. As emissões de gases de vida curta, como o metano, não se acumulam no sistema climático da mesma forma que o CO2. Por conseguinte, não é necessário reduzi-las a zero para travar o aquecimento global. Isto deve-se ao facto de as reduções das emissões de gases de vida curta provocarem uma diminuição imediata do forçamento radiativo resultante. O forçamento radiativo é a mudança no balanço energético da Terra que eles provocam [23]. No entanto, estes gases potentes mas de vida curta farão subir as temperaturas a curto prazo. Este facto poderá fazer com que o aumento da temperatura ultrapasse o limiar de 1,5 °C muito mais cedo [22]. Um objetivo global de emissões líquidas nulas incluiria todos os gases com efeito de estufa. Isto asseguraria que o mundo também reduziria urgentemente os gases que não são CO2 [22].

2.1.3. Terminologia

Os países, os governos locais, as empresas e as instituições financeiras podem todos anunciar compromissos para atingir emissões líquidas nulas [24]. Nos debates sobre as alterações climáticas, os termos "emissões líquidas nulas", "neutralidade carbónica" e "neutralidade climática" são frequentemente utilizados como se significassem a mesma coisa [3-6]. No entanto, nalguns contextos, têm significados diferentes uns dos outros. As secções seguintes explicam este facto. É frequente as pessoas utilizarem estes termos sem definições-padrão rigorosas [25].

2.1.4. Aplicação

Desde 2015, registou-se um crescimento significativo do número de intervenientes que se comprometeram com emissões líquidas nulas. Surgiram muitas normas que interpretam o conceito de emissões líquidas nulas e visam medir os progressos no sentido dos objectivos de emissões líquidas nulas [24]. Algumas destas normas são mais sólidas do que outras. Algumas pessoas criticaram as normas fracas por facilitarem a lavagem verde [24]. A ONU, a CQNUAC, a Organização Internacional de

Normalização (ISO) e a iniciativa Metas Baseadas na Ciência (SBTi) promovem normas mais robustas [26-28].

2.1.5. Tipos de gases com efeito de estufa

Alguns objectivos visam atingir emissões líquidas nulas apenas para o dióxido de carbono. Outros visam atingir emissões líquidas nulas de todos os gases com efeito de estufa. As normas robustas de emissões líquidas nulas estabelecem que todos os gases com efeito de estufa devem ser abrangidos pelos objectivos de um determinado interveniente [24-29]. Alguns autores afirmam que as estratégias de neutralidade carbónica se centram apenas no dióxido de carbono, mas o zero líquido inclui todos os gases com efeito de estufa [30, 31]. No entanto, algumas publicações, como a estratégia nacional de França, utilizam o termo "neutro em termos de carbono" para significar reduções líquidas de todos os gases com efeito de estufa. Os Estados Unidos comprometeram-se a atingir emissões "líquidas nulas" até 2050.

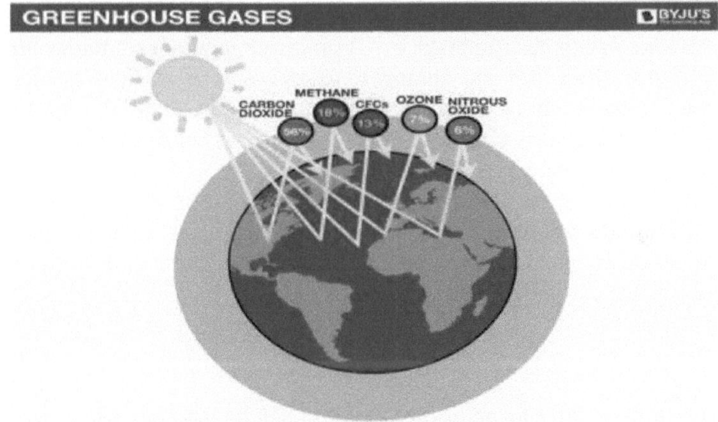

2.1.6. Âmbitos das fontes de emissões

O Protocolo sobre Gases com Efeito de Estufa é um grupo de normas que são as mais comuns na contabilidade dos GEE [32]. Estas normas reflectem uma série de princípios contabilísticos. Estes incluem a relevância, a exaustividade, a consistência, a transparência e a exatidão [33]. As normas dividem as emissões em três âmbitos:

- O âmbito 1 abrange todas as emissões directas de GEE dentro dos limites de uma empresa (propriedade ou controlada por uma empresa) [34]. Inclui o combustível queimado pela empresa, a utilização de veículos da empresa e as emissões fugitivas [35]. [35].
- O âmbito 2 abrange as emissões indirectas de GEE provenientes do consumo de eletricidade, calor, refrigeração ou vapor adquiridos [36]. A partir de 2010, pelo menos um terço das emissões globais de GEE são de âmbito 2 [37].
- As fontes de emissão do âmbito 3 incluem as emissões dos fornecedores e dos utilizadores dos produtos (também conhecidas como a "cadeia de valor"). O transporte de mercadorias e outras emissões indirectas também fazem parte deste âmbito [38]. Estima-se que as emissões de âmbito 3 representem 75% de todas as emissões comunicadas ao Carbon Disclosure Project, embora essa percentagem varie muito entre sectores de atividade [39].

Os objectivos empresariais de emissões líquidas nulas variam em função do grau de cobertura das emissões relacionadas com as actividades da empresa. Isto pode afetar grandemente o volume de emissões que são contabilizadas. Algumas empresas petrolíferas, por exemplo, afirmam que as suas operações (âmbitos 1 e 2) produzem emissões líquidas nulas [40]. Estas afirmações não abrangem as emissões produzidas quando o petróleo é queimado pelos seus clientes, que representam 70 a 90% das emissões relacionadas com o petróleo. Isto deve-se ao facto de contarem como emissões de âmbito 3 [41].

As normas robustas de emissões líquidas nulas exigem que as emissões de âmbito 3 sejam contabilizadas [24-26, 29], mas as normas de "neutralidade carbónica" não o fazem [43].

2.1.7. Abordagens

Os termos "carbono neutro" e "net zero" são frequentemente utilizados indistintamente por políticos, empresas e cientistas. Alguns peritos utilizam os termos de forma diferente, como ilustra este gráfico [44]. Um determinado ator pode planear atingir emissões líquidas nulas através de uma combinação de abordagens. Estas incluem:

- acções para reduzir as suas próprias emissões,
- acções para remover diretamente o dióxido de carbono da atmosfera, e
- aquisição de créditos de carbono.

2.1.8. Redução das emissões

Normas robustas de emissões líquidas nulas exigem que os intervenientes reduzam tanto quanto possível as suas próprias emissões, seguindo trajectórias baseadas na ciência. Devem então equilibrar as suas emissões residuais utilizando remoções e compensações [24].Isto implica normalmente a mudança de combustíveis fósseis para fontes de energia sustentáveis. As emissões residuais são emissões que não é prático reduzir por razões tecnológicas [45].

Os especialistas e os enquadramentos do net zero discordam quanto à percentagem exacta de emissões residuais que podem ser permitidas. A maior parte das orientações sugere que estas devem ser limitadas a uma pequena fração das emissões totais. Os factores específicos do sector e geográficos determinarão a quantidade [45, 46]. A iniciativa Metas Baseadas na Ciência afirma que as emissões residuais na maioria dos sectores devem situar-se entre 5-10% das emissões de referência de uma organização. Deveria ser ainda mais baixo para alguns sectores com alternativas competitivas, como o sector da energia. Sectores como a indústria transformadora pesada, em que é mais difícil atenuar as emissões, terão provavelmente uma percentagem mais elevada de emissões residuais em 2050 [47, 48].

A ISO e o British Standards Institution (BSI) publicam normas de "neutralidade carbónica" que têm uma tolerância mais elevada para as emissões residuais do que as normas "net zero" [49]. Por exemplo, a BSI PAS 2060 é uma norma britânica para medir a neutralidade carbónica. De acordo com estas normas, a neutralidade em termos de carbono é um objetivo a curto prazo e o zero líquido é um objetivo a mais longo prazo [50, 51].

2.1.9. Remoções e compensações de carbono

Mais informações: Remoção de dióxido de carbono e Compensações e créditos de carbono Para equilibrar as emissões residuais, os actores podem tomar medidas directas para remover o dióxido de carbono da atmosfera e sequestrá-lo. Em alternativa ou adicionalmente, compram créditos de carbono que "compensam" as emissões. Em alternativa ou adicionalmente, compram créditos de carbono que "compensam" as emissões. Os créditos de carbono podem ser utilizados para financiar projectos de remoção de carbono, como a reflorestação.

Normas rigorosas, como as normas ISO e BSI "net zero", apenas permitem compensações baseadas em valores de remoção que tenham a mesma permanência que os gases com efeito de estufa que equilibram. O termo para este conceito é remoções "like for like" [24-29]. Permanência significa que as remoções devem armazenar gases com efeito de estufa durante o mesmo período que o tempo de vida das emissões de GEE que equilibram. Por exemplo, o metano tem um tempo de vida de cerca de 12 anos na atmosfera [52]. O dióxido de carbono dura entre 300 e 1 000 anos [53]. Por conseguinte, as remoções que equilibram o dióxido de carbono devem durar muito mais tempo do que as remoções que equilibram o metano.

A compensação de carbono tem sido criticada em várias frentes. Uma preocupação importante é que as compensações podem atrasar as reduções activas de emissões [54]. Num relatório de 2007 do Transnational Institute, Kevin Smith comparou as compensações de carbono a indulgências medievais. Segundo ele, estas permitem que as pessoas paguem "a empresas de compensação para as absolverem dos seus pecados em matéria de carbono" [55]. Segundo ele, isto permite uma atitude de "manutenção do status quo" que impede as grandes mudanças necessárias. Muitas pessoas criticaram as compensações por desempenharem um papel na lavagem verde [56].

A regulamentação pouco rigorosa das reivindicações dos regimes de compensação de carbono, combinada com as dificuldades de cálculo do sequestro de gases com efeito de estufa e das reduções de emissões, também deu origem a críticas. O argumento é que este facto pode resultar em regimes que, na realidade, não compensam adequadamente as emissões. Têm sido tomadas medidas para criar uma melhor regulamentação. Desde 2001, as Nações Unidas têm vindo a desenvolver um processo de certificação para a compensação de emissões de gases com efeito de estufa. É o chamado Mecanismo de Desenvolvimento Limpo [57, 58]. O seu objetivo é estimular "o desenvolvimento sustentável e a redução das emissões, dando simultaneamente aos países industrializados alguma flexibilidade na forma como cumprem os seus objectivos de limitação da redução das emissões". O Comité para as Alterações Climáticas do Governo do Reino Unido afirma que as reduções ou remoções de emissões comunicadas podem ter acontecido de qualquer forma ou não perdurarão no futuro. Isto apesar de uma melhoria das normas a nível mundial e no Reino Unido [54].

Também tem havido críticas às plantações florestais não nativas e monoculturais como compensações de carbono. Isto deve-se aos seus "efeitos limitados - e por vezes negativos - sobre a biodiversidade nativa" e outros serviços ecossistémicos [57]. Atualmente, a maior parte dos créditos de carbono no mercado voluntário não cumprem as normas da

ONU, da CQNUAC, da ISO ou da SBTi relativas à remoção permanente de dióxido de carbono. Assim, será provavelmente necessário um investimento significativo na captura e armazenamento geológico permanente de carbono para atingir os objectivos de emissões líquidas nulas até meados do século.

2.1.10. Calendário

Para atingir o zero líquido, os intervenientes são incentivados a estabelecer objectivos de zero líquido para 2050 ou mais cedo. As metas de zero emissões líquidas a longo prazo devem ser complementadas por metas intermédias para cada um a cinco anos. A ONU, a UNFCCC, a ISO e a SBTi afirmam que as organizações devem dar prioridade à redução precoce e antecipada das emissões. Dizem que o objetivo deve ser reduzir as emissões para metade até 2030. As metas e vias específicas de redução de emissões podem ser diferentes para diferentes sectores. Alguns podem ser capazes de se descarbonizar mais rápida e facilmente do que outros.

Muitas empresas afirmam frequentemente o seu compromisso de atingir emissões líquidas nulas até 2050. Estas promessas são frequentemente feitas a nível empresarial. Tanto os governos como as agências internacionais incentivam as empresas a contribuir para um compromisso nacional ou internacional de emissões líquidas nulas. A Agência Internacional da Energia afirma que o investimento global em substitutos de baixo carbono para os combustíveis fósseis tem de atingir 4 biliões de dólares por ano até 2030 para que o mundo atinja o nível zero líquido até 2050 [58].

Alguns grupos manifestaram a sua preocupação com o facto de não ser possível atingir o zero emissões líquidas a nível mundial até 2050. Em média, cerca de 29% das empresas dos Estados-Membros da UE formularam um objetivo para atingir o zero líquido ou já atingiram esse objetivo. No entanto, estes números podem variar significativamente consoante os diferentes sectores, países e dimensões das empresas [59]. As pressões externas, como a exposição das empresas aos riscos associados às alterações climáticas e a sua perceção como um problema, podem influenciar a ambição de uma empresa de adotar metas e estratégias específicas [60].

2.2. Armazenamento de energia
2.2.1. Prefácio

O armazenamento de energia é a captação da energia produzida num determinado momento para utilização posterior [61], a fim de reduzir os desequilíbrios entre a procura e a produção de energia. Um dispositivo que armazena energia é geralmente designado por acumulador ou bateria. A energia apresenta-se sob múltiplas formas, incluindo radiação, química, potencial elétrico, eletricidade, temperatura elevada, calor latente e cinética. O armazenamento de energia envolve a conversão de energia de formas que são difíceis de armazenar para formas mais convenientes ou economicamente armazenáveis.

2.2.2. História

Na rede do século XX, a energia eléctrica era em grande parte produzida pela queima de combustíveis fósseis. Quando era necessária menos energia, queimava-se menos combustível [62]. A energia hidroelétrica, um método de armazenamento mecânico de energia, é o método de armazenamento mecânico de energia mais amplamente adotado e tem sido utilizado há séculos. As grandes barragens hidroeléctricas são locais de armazenamento de energia há mais de cem anos [63]. As preocupações com a poluição atmosférica, as importações de energia e o aquecimento global têm gerado o crescimento das energias renováveis, como a solar e a eólica. A energia eólica não é controlada e pode ser gerada numa altura em que não é necessária energia adicional. A energia solar varia
varia com a cobertura de nuvens e, na melhor das hipóteses, só está disponível durante o dia, enquanto a procura atinge frequentemente o seu pico após o pôr do sol. O interesse em armazenar energia proveniente destas fontes intermitentes aumenta à medida que a indústria das energias renováveis começa a gerar uma fração maior do consumo global de energia [64].
A utilização de eletricidade fora da rede era um nicho de mercado no século XX, mas no século XXI expandiu-se. Os dispositivos portáteis estão a ser utilizados em todo o mundo. Os painéis solares são agora comuns nas zonas rurais de todo o mundo. O acesso à eletricidade é agora uma questão de viabilidade económica e financeira, e não apenas de aspectos técnicos.

2.2.3. Esboço

A lista que se segue inclui uma variedade de tipos de armazenamento de energia:

- Armazenamento de combustíveis fósseis

- Mecânica
  - primavera
  - Armazenamento de energia por ar comprimido (CAES)
  - Locomotiva sem fogo
  - Armazenamento de energia no volante do motor
  - Massa sólida gravitacional
  - Acumulador hidráulico
  - Hidroeletricidade por bombagem (também conhecida como armazenamento hidroelétrico por bombagem, PHS, ou energia hidroelétrica por bombagem, PSH)
  - Expansão térmica
- Elétrico, eletromagnético
  - Condensador
  - Super-capacitor
  - Armazenamento de energia magnética por supercondutores (SMES, também designada por bobina de armazenamento por supercondutores)
- Biológico
  - Glicogénio
  - Amido
- Eletroquímica (sistema de armazenamento de energia em baterias, BESS)
  - Bateria de fluxo
  - Bateria recarregável
  - Ultra-bateria
- Térmica
  - Aquecedor de acumulação de tijolos
  - Armazenamento criogénico de energia, armazenamento de energia líquido-ar (LAES)
  - Motor a nitrogénio líquido
  - Sistema eutéctico
  - Ar condicionado para armazenamento de gelo
  - Armazenamento de sal fundido
  - Material de mudança de fase
  - Armazenamento sazonal de energia térmica
  - Lago solar
  - Acumulador de vapor
  - Armazenamento de energia térmica (geral)
- Química
  - Biocombustíveis
  - Sais hidratados
  - Peróxido de hidrogénio

- o Produção de energia a partir de gás (metano, armazenamento de hidrogénio, oxi-hidrogénio)

2.2.4. Mecânica

A energia pode ser armazenada em água bombeada para uma altitude mais elevada utilizando métodos de armazenamento por bombagem ou movendo matéria sólida para locais mais elevados (baterias de gravidade). Outros métodos mecânicos comerciais incluem a compressão de ar e os volantes de inércia que convertem a energia eléctrica em energia interna ou cinética e, em seguida, novamente em energia quando a procura de eletricidade atinge um pico.

2.2.5. Hidroeletricidade

As barragens hidroeléctricas com reservatórios podem ser operadas para fornecer eletricidade nos períodos de maior procura. A água é armazenada na albufeira durante os períodos de baixa procura e libertada quando a procura é elevada. O efeito líquido é semelhante ao do armazenamento por bombagem, mas sem a perda por bombagem. Embora uma barragem hidroelétrica não armazene diretamente a energia de outras unidades de produção, comporta-se de forma equivalente, reduzindo a produção em períodos de excesso de eletricidade proveniente de outras fontes. Neste modo, as barragens são uma das formas mais eficientes de armazenamento de energia, porque apenas o momento da sua produção se altera. As turbinas hidroeléctricas têm um tempo de arranque da ordem de alguns minutos [65].

2.2.6. Hidroelétrica por bombagem

Em todo o mundo, a hidroeletricidade por bombagem (PSH) é a forma de maior capacidade de armazenamento ativo de energia disponível na rede e, em março de 2012, o Electric Power Research Institute (EPRI) informa que a PSH representa mais de 99% da capacidade de armazenamento a granel em todo o mundo, representando cerca de 127 000 MW[66]. A energia da PSH varia, na prática, entre 70% e 80% [66-69], com reivindicações de até 87% [70].

**Complexo de produção Sir Adam Beck em Niagara Falls, Canadá, que
inclui uma grande barragem hidroelétrica de acumulação por bombagem para fornecer
mais 174 MW de eletricidade durante os períodos de pico de procura.**

Em períodos de baixa procura de eletricidade, a capacidade de produção excedentária é utilizada para bombear água de uma fonte inferior para um reservatório superior. Quando a procura aumenta, a água é libertada de volta para um reservatório inferior (ou curso de água ou massa de água) através de uma turbina, gerando eletricidade. Os conjuntos turbina-gerador reversíveis actuam como bomba e turbina (normalmente uma turbina Francis).

2.2.7. Ar comprimido

A armazenagem de energia a ar comprimido (CAES) utiliza a energia excedente para comprimir o ar para posterior produção de eletricidade [71]. Há muito que são utilizados sistemas em pequena escala em aplicações como a propulsão de locomotivas de minas. O ar comprimido é armazenado num reservatório subterrâneo, como uma cúpula de sal.

**Uma locomotiva de ar comprimido utilizada no interior
uma mina entre 1928 e 1961.**

As centrais de armazenamento de energia a ar comprimido (CAES) podem colmatar o fosso entre a volatilidade da produção e a carga. O armazenamento CAES responde às necessidades energéticas dos consumidores, fornecendo efetivamente energia prontamente disponível para satisfazer a procura. As fontes de energia renováveis, como a energia eólica e solar, variam. Por isso, nas alturas em que fornecem pouca energia, precisam de ser complementadas com outras formas de energia para satisfazer a procura de energia. As instalações de armazenamento de energia por ar comprimido podem absorver o excedente de energia produzido pelas fontes de energia renováveis em alturas de sobreprodução de energia [72].

A compressão do ar gera calor; o ar fica mais quente após a compressão. A expansão requer calor. Se não for adicionado calor adicional, o ar estará muito mais frio após a expansão. Se o calor gerado durante a compressão puder ser armazenado e utilizado durante a expansão, a eficiência melhora consideravelmente [73]. Um sistema CAES pode lidar com o calor de três formas. O armazenamento de ar pode ser adiabático, diabático ou isotérmico. Outra abordagem utiliza o ar comprimido para alimentar veículos [74, 75].

2.2.8. Volante do motor

O armazenamento de energia no volante de inércia (FES) funciona através da aceleração de um rotor (um volante de inércia) a uma velocidade muito elevada, mantendo a energia como energia rotacional. Quando a energia é adicionada, a velocidade de rotação do volante aumenta e, quando a energia é extraída, a velocidade diminui, devido à conservação da energia. A maioria dos sistemas FES utiliza eletricidade para acelerar e desacelerar o volante, mas estão a ser estudados dispositivos que utilizam diretamente a energia mecânica [76]

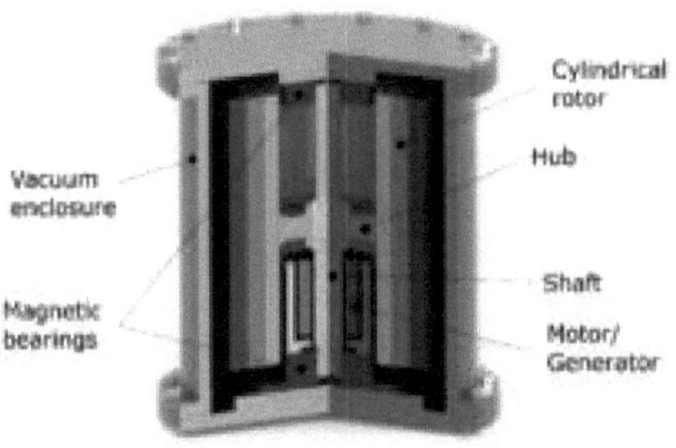

Os principais componentes de um volante de motor típico.

Os sistemas FES têm rotores feitos de compósitos de fibra de carbono de alta resistência, suspensos por rolamentos magnéticos e girando a velocidades de 20.000 a mais de 50.000 rotações por minuto (rpm) numa caixa de vácuo [77]. Estes volantes de inércia podem atingir a velocidade máxima ("carga") numa questão de minutos. O sistema de volante de inércia está ligado a uma combinação de motor/gerador elétrico.

Os sistemas FES têm tempos de vida relativamente longos (duram décadas com pouca ou nenhuma manutenção [77]; os tempos de vida em ciclo completo citados para os volantes de inércia variam entre mais de 105 e 107 ciclos de utilização) [78], elevada energia específica (100-130 W-h/kg, ou 360-500 kJ/kg) [78, 79] e densidade de potência.

2.2.9. Massa sólida Gravitacional

A alteração da altitude de massas sólidas pode armazenar ou libertar energia através de um sistema de elevação acionado por um motor/gerador elétrico. Estudos sugerem que a energia pode começar a ser libertada com um aviso de apenas 1 segundo, tornando o método um suplemento útil para uma rede eléctrica para equilibrar picos de carga [80]. A eficiência pode atingir 85% de recuperação da energia armazenada [81].

Isto pode ser conseguido colocando as massas no interior de antigos poços verticais de minas ou em torres especialmente construídas para o efeito, onde os pesos pesados são guindados para armazenar energia e autorizados a descer de forma controlada para a libertar. Em 2020, está a ser construído um protótipo de armazém vertical em Edimburgo, na Escócia [82].

O armazenamento de energia potencial ou armazenamento de energia gravitacional estava a ser ativamente desenvolvido em 2013 em associação com o California Independent System Opera-tor [83-85]. Este estudo examinou o movimento de vagões de tremonha cheios de terra conduzidos por locomotivas eléctricas de altitudes mais baixas para altitudes mais elevadas [86]. Outros métodos propostos incluem:

- utilizando carris [86, 87], gruas [81] ou elevadores [88] para deslocar os pesos para cima e para baixo;
- utilizando plataformas de balões a grande altitude, alimentadas por energia solar, que suportam guinchos para elevar e baixar massas sólidas suspensas por baixo deles [89],
- utilizando guinchos suportados por uma barcaça oceânica para tirar partido de uma diferença de elevação de 4 km (13.000 pés) entre a superfície do mar e o fundo do mar [90],

Torre de acumulação de aquecimento urbano de Theiss, perto de Krems an der Donau, na Baixa Áustria, com uma capacidade térmica de 2 GWh.

2.2.10.   Térmica

O armazenamento de energia térmica (TES) é o armazenamento temporário ou a remoção de calor.

2.2.11.   Calor sensível Térmico

O armazenamento de calor sensível tira partido do calor sensível num material para armazenar energia [91]. o armazenamento sazonal de energia térmica (STES) permite que o calor ou o frio sejam utilizados meses depois de terem sido recolhidos a partir de resíduos de energia ou de fontes naturais. O mate-rial pode ser armazenado em aquíferos confinados, grupos de furos em substratos geológicos como areia ou rocha cristalina, em poços revestidos com cascalho e água, ou em minas cheias de água [92]. Os projectos de armazenamento sazonal de energia térmica (STES) têm frequentemente um retorno em quatro a seis anos [93]. Um exemplo é a comunidade solar de Drake Landing, no Canadá, onde 97% do calor durante todo o ano é fornecido por colectores solares térmicos nos telhados das garagens, com a ajuda de um armazenamento de energia térmica em furos (BTES) [94-96]. Em Braedstrup, Dinamarca, o sistema de aquecimento urbano solar da comunidade também utiliza STES, a uma temperatura de 65 °C (149 °F). Uma bomba de calor, que funciona apenas quando há energia eólica excedentária disponível. É utilizada para elevar a temperatura até 80 °C (176 °F) para distribuição. Quando a energia eólica não está disponível, é utilizada uma caldeira a gás. Vinte por cento do calor de Braedstrup é solar [97].

2.2.12.   Calor latente térmico (LHTES)

Os sistemas de armazenamento de energia térmica por calor latente funcionam através da transferência de calor de ou para um material para mudar a sua fase. Uma mudança de fase é a fusão, solidificação, vaporização ou liquefação. Este tipo de material é designado por material de mudança de fase (PCM).
Os materiais utilizados nas LHTES têm frequentemente um elevado calor latente, pelo que, à sua temperatura específica, a mudança de fase absorve uma grande quantidade de energia, muito mais do que o calor sensível [38].

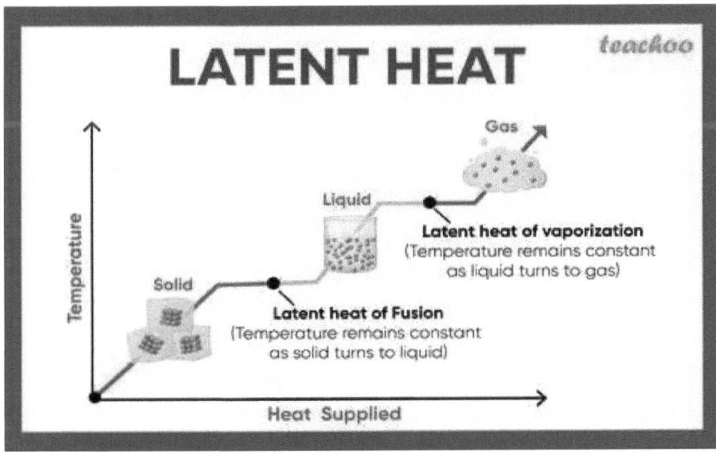

Um acumulador de vapor é um tipo de LHTES em que a mudança de fase é entre líquido e gás e utiliza o calor latente de vaporização da água. Os sistemas de ar condicionado de armazenamento de gelo utilizam eletricidade fora das horas de ponta para armazenar frio através da congelação da água em gelo. O frio armazenado no gelo liberta-se durante o processo de fusão e pode ser utilizado para arrefecimento nas horas de ponta.

2.2.13.   Armazenamento criogénico de energia térmica

O ar pode ser liquefeito por arrefecimento utilizando eletricidade e armazenado como criogénio com as tecnologias existentes. O ar líquido pode então ser expandido através de uma turbina e a energia recuperada como eletricidade. O sistema foi demonstrado numa instalação-piloto no Reino Unido em 2012 [99]. Em 2019, a High-view anunciou planos para construir uma central de 50 MW no norte de Inglaterra e no norte de Vermont, com a instalação proposta capaz de armazenar cinco a oito horas de energia, para uma capacidade de armazenamento de 250-400 MWh [100].

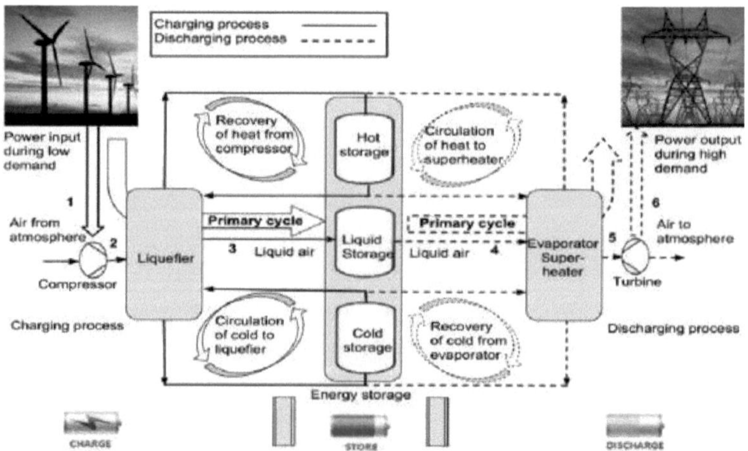

2.2.14.   Bateria de Carnot

A energia eléctrica pode ser armazenada termicamente por aquecimento resistivo ou bombas de calor, e o calor armazenado pode ser convertido novamente em eletricidade através do ciclo de Rankine ou do ciclo de Brayton [101]. Esta tecnologia tem sido estudada para transformar centrais eléctricas a carvão em sistemas de produção sem combustíveis fósseis [102]. As caldeiras a carvão são substituídas por um armazenamento de calor a alta temperatura carregado pelo excesso de eletricidade proveniente de fontes de energia renováveis. Em 2020, o Centro Aeroespacial Alemão começou a construir o primeiro sistema de baterias de Carnot em grande escala do mundo, com uma capacidade de armazenamento de 1 000 MWh [103].

2.2.15. Eletroquímica
2.2.15.1. Bateria recarregável

Uma pilha recarregável é composta por uma ou mais células electroquímicas. É conhecida como uma "célula secundária" porque as suas reacções electroquímicas são eletricamente reversíveis. As pilhas recarregáveis existem em muitas formas e tamanhos, desde pilhas tipo botão até sistemas de rede de megawatts. As pilhas recarregáveis têm um custo total de utilização e um impacto ambiental mais baixos do que as pilhas não recarregáveis (descartáveis).

Um banco de baterias recarregáveis utilizado como fonte de alimentação ininterrupta num centro de dados.

Os produtos químicos comuns das pilhas recarregáveis incluem:

- Bateria de chumbo-ácido: As baterias de chumbo-ácido detêm a maior quota de mercado dos produtos de armazenamento elétrico. Uma única célula produz cerca de 2V quando carregada. No estado carregado, o elétrodo negativo de chumbo metálico e o elétrodo positivo de sulfato de chumbo estão imersos num eletrólito de ácido sulfúrico diluído (H2SO4). No processo de descarga, os electrões são empurrados para fora da célula, formando-se sulfato de chumbo no elétrodo negativo, enquanto o eletrólito é reduzido a água. A tecnologia das baterias de chumbo-ácido tem sido amplamente desenvolvida. A sua manutenção requer uma mão de obra mínima e o seu custo é baixo. A capacidade de energia disponível da bateria está sujeita a uma descarga rápida, o que resulta numa vida útil reduzida e numa baixa densidade energética [104].

- Bateria de níquel-cádmio (NiCd): Utiliza hidróxido de óxido de níquel e metal
cádmio como eléctrodos. O cádmio é um elemento tóxico e foi proibido para
mais utilizadas pela União Europeia em 2004. As pilhas de níquel-cádmio têm
foram quase completamente substituídas por pilhas de níquel-hidreto metálico (NiMH).

- Bateria de hidreto metálico de níquel (NiMH): Os primeiros tipos comerciais foram disponibilizados em 1989 [105]. Atualmente, são um tipo comum de consumo e industrial. A bateria tem uma liga de absorção de hidrogénio para o elétrodo negativo em vez de cádmio.
- Bateria de iões de lítio: A escolha em muitos produtos electrónicos de consumo e tem uma das melhores relações energia/massa e uma auto-descarga muito lenta quando não está a ser utilizada.
- Bateria de polímero de iões de lítio: Estas baterias são leves e podem ser fabricadas em qualquer formato desejado.
- Bateria de alumínio-enxofre com cristais de sal-gema como eletrólito: o alumínio e o enxofre são materiais abundantes na Terra e são muito mais baratos do que o lítio tradicional [106].

2.2.16.   Bateria de fluxo

Uma pilha de fluxo funciona através da passagem de uma solução sobre uma membrana onde os iões são trocados para carregar ou descarregar a célula. A tensão da célula é quimicamente determinada pela equação de Nernst e varia, em aplicações práticas, entre 1,0 V e 2,2 V. A capacidade de armazenamento depende do volume da solução. Uma bateria de fluxo é tecnicamente semelhante a uma célula de combustível e a uma célula acumuladora eletroquímica. As aplicações comerciais são para armazenamento de meio ciclo longo, como energia de reserva da rede.

2.2.17.   Super-capacitor

Os supercondensadores, também designados por condensadores eléctricos de dupla camada (EDLC) ou ultra-capacitores, são uma família de condensadores electroquímicos [107] que não possuem dieléctricos sólidos convencionais. A capacitância é determinada por dois princípios de armazenamento, a capacitância de dupla camada e a pseudo-capacitância [108, 109].

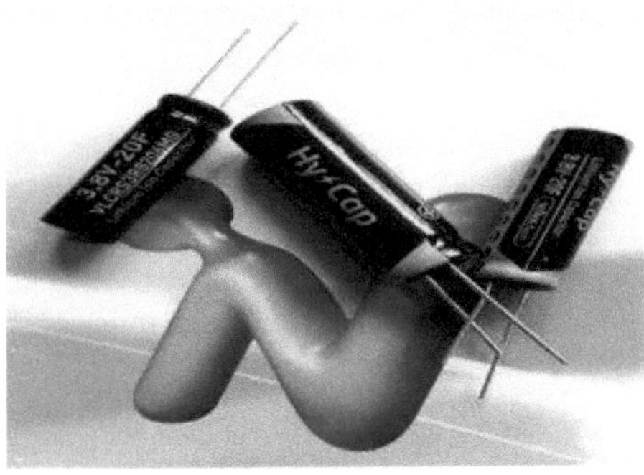

Os super-capacitores fazem a ponte entre os condensadores convencionais e as baterias recarregáveis. Armazenam a maior quantidade de energia por unidade de volume ou massa (densidade de energia) entre os condensadores. Suportam até 10 000 farads/1,2 Volt,[110] até 10 000 vezes mais do que os condensadores electrolíticos, mas fornecem ou aceitam menos de metade da potência por unidade de tempo (densidade de potência) [107].

Um de uma frota de autocarros eléctricos alimentados por super-capacitores, numa paragem de autocarros com estação de carregamento rápido, em serviço durante a Expo 2010 Xangai, China. Os carris de carregamento podem ser vistos suspensos sobre o autocarro.

Embora os super-capacitores tenham uma energia específica e densidades de energia que são aproximadamente 10% das baterias, a sua densidade de potência é geralmente 10 a 100 vezes superior. Isto resulta em ciclos de carga/descarga muito mais curtos. Além disso, toleram muitos mais ciclos de carga/descarga do que as pilhas. Neste contexto, os super-capacitores têm muitas aplicações, incluindo

- Baixa corrente de alimentação para backup de memória em memória estática de acesso aleatório (SRAM)
- Energia para automóveis, autocarros, comboios, gruas e elevadores, incluindo recuperação de energia a partir da travagem, armazenamento de energia a curto prazo e recuperação de energia em modo de explosão.

2.2.18. Química
2.2.18.1. Energia para gás

A conversão de eletricidade em gás é a conversão de eletricidade num combustível gasoso, como o hidrogénio
ou metano. Os três métodos comerciais utilizam a eletricidade para reduzir a água em hidrogénio e oxigénio através da eletrólise. No primeiro método, o hidrogénio é injetado na rede de gás natural ou é utilizado para o transporte. O segundo método consiste em combinar o hidrogénio com o dióxido de carbono para produzir metano através de uma reação de metanação, como a reação de Sabatier, ou de metanação biológica, o que resulta numa perda adicional de conversão de energia de 8%. O metano

pode então ser introduzido na rede de gás natural. O terceiro método utiliza o gás de saída de um gerador de gás de madeira ou de uma central de biogás, após a mistura do melhorador de biogás com o hidrogénio do eletrolisador, para melhorar a qualidade do biogás.

**A nova tecnologia ajuda a reduzir os gases com efeito de estufa e os custos de funcionamento em
duas centrais de produção de energia eléctrica existentes em Norwalk e Rancho Cucamonga. As
Sistema de armazenamento de baterias de 10 megawatts, combinado com o gás
turbina, permite que a central de produção de energia eléctrica responda mais rapidamente
à evolução das necessidades energéticas, aumentando assim a fiabilidade da rede eléctrica.**

2.2.18.2. Hidrogénio

O elemento hidrogénio pode ser uma forma de energia armazenada. O hidrogénio pode produzir eletricidade através de uma célula de combustível de hidrogénio. Em penetrações inferiores a 20% da procura da rede, as energias renováveis não alteram gravemente a economia; mas para além de cerca de 20% da procura total [111], o armazenamento externo torna-se importante. Se estas fontes forem utilizadas para produzir hidrogénio iónico, podem ser expandidas livremente. Um programa-piloto comunitário de 5 anos que utiliza turbinas eólicas e geradores de hidrogénio teve início em 2007 na comunidade remota de Ramea, Terra Nova e Labrador [112]. Um projeto semelhante teve início em 2004 em Utsira, uma pequena ilha norueguesa.

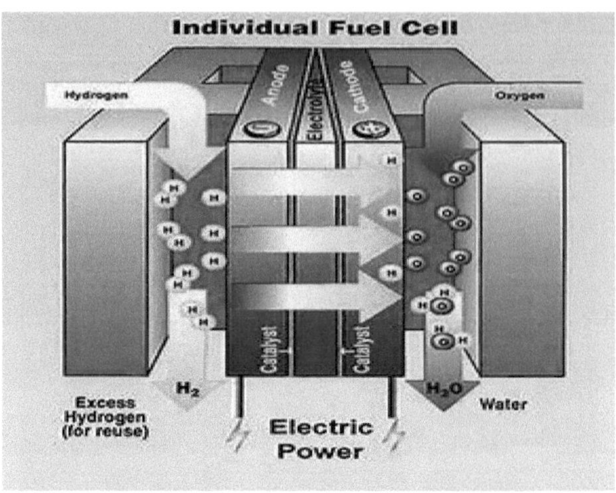

As perdas de energia envolvidas no ciclo de armazenamento do hidrogénio provêm da eletrólise da água, da liquefação ou compressão do hidrogénio e da conversão em eletricidade [113].

O hidrogénio também pode ser produzido a partir do alumínio e da água, removendo a barreira natural de óxido de alumínio do alumínio e introduzindo-o na água. Este método é vantajoso porque as latas de alumínio recicladas podem ser utilizadas para gerar hidrogénio, mas os sistemas para aproveitar esta opção ainda não foram desenvolvidos comercialmente e são muito mais complexos do que os sistemas de eletrólise [114]. Os métodos comuns para remover a camada de óxido incluem catalisadores cáusticos como o hidróxido de sódio e ligas com gálio, mercúrio e outros metais [115].

O armazenamento subterrâneo de hidrogénio é uma prática de armazenamento de hidrogénio em cavernas, salinas
cúpulas e campos de petróleo e gás esgotados [116, 117]. Grandes quantidades de hidrogénio gasoso foram armazenadas em cavernas pela Imperial Chemical Industries durante muitos anos sem quaisquer dificuldades [118]. O projeto europeu Hyunder indicou em 2013 que o armazenamento de energia eólica e solar utilizando hidrogénio subterrâneo exigiria 85 cavernas [119].

Power-paste é um gel fluido à base de magnésio e hidrogénio que liberta hidrogénio quando reage com a água. Foi inventado, patenteado e está a ser desenvolvido pelo Instituto Fraunhofer de Tecnologia de Fabrico e Materiais Avançados (IFAM) da Fraunhofer-Gesellschaft. A

Powerpaste é fabricada através da combinação de pó de magnésio com hidrogénio para formar hidreto de magnésio num processo conduzido a 350 °C e cinco a seis vezes a pressão atmosférica. O produto final é então obtido através da adição de um éster e de um sal metálico. A Fraunhofer afirma que está a construir uma unidade de produção que deverá iniciar a produção em 2021 e que produzirá 4 toneladas de Power-paste por ano [120]. A Fraunhofer patenteou a sua invenção nos Estados Unidos e na UE [121].

2.2.18.3. Metano

O metano é o hidrocarboneto mais simples com a fórmula molecular CH_4. O metano é mais facilmente armazenado e transportado do que o hidrogénio. As infra-estruturas de armazenamento e de combustão (gasodutos, contadores de gás, centrais eléctricas) estão maduras.

O gás natural sintético (syngas ou SNG) pode ser criado através de um processo em várias etapas, começando com hidrogénio e oxigénio. O hidrogénio reage depois com o dióxido de carbono num processo Sabatier, produzindo metano e água. O metano pode ser armazenado e posteriormente utilizado para produzir eletricidade. A água resultante é reciclada, reduzindo a necessidade de água. Na fase de eletrólise, o oxigénio é armazenado para a combustão do metano num ambiente de oxigénio puro numa central eléctrica adjacente, eliminando os óxidos de azoto.

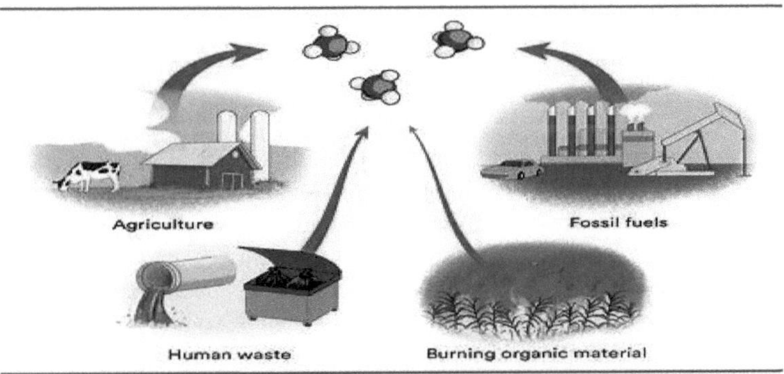

A combustão do metano produz dióxido de carbono (CO2) e água. O dióxido de carbono pode ser reciclado para impulsionar o processo Sabatier e a água pode ser reciclada para posterior eletrólise. A produção, armazenamento e combustão do metano recicla os produtos da reação. O

CO2 tem valor económico como componente de um vetor de armazenamento de energia, e não como um custo, como na captura e armazenamento de carbono.

2.2.19.   Power-to-liquid

A conversão de energia em líquido é semelhante à conversão de energia em gás, exceto que o hidrogénio é convertido em líquidos como o metanol ou o amoníaco. Estes são mais fáceis de manusear do que os gases e exigem menos precauções de segurança do que o hidrogénio. Podem ser utilizados para transporte, incluindo aeronaves, mas também para fins industriais ou no sector da energia [122].

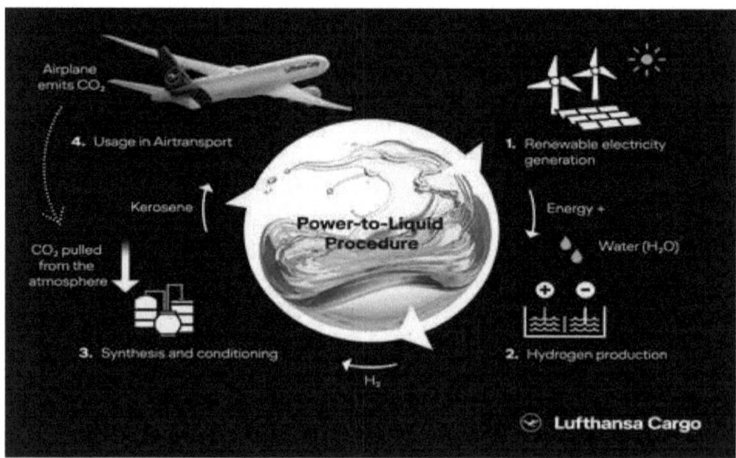

2.2.20.   Biocombustíveis

Vários biocombustíveis, como o biodiesel, o óleo vegetal, os combustíveis alcoólicos ou a biomassa, podem substituir os combustíveis fósseis. Vários processos químicos podem converter o carbono e o hidrogénio do carvão, do gás natural, da biomassa vegetal e animal e dos resíduos orgânicos em hidrocarbonetos curtos adequados para substituir os combustíveis de hidrocarbonetos existentes. Exemplos disso são o gasóleo Fischer-Tropsch, o metanol, o éter dimetílico e o gás de síntese. Esta fonte de gasóleo foi muito utilizada na Segunda Guerra Mundial na Alemanha, que tinha um acesso limitado ao petróleo bruto. A África do Sul produz a maior parte do gasóleo do país a partir do carvão por razões semelhantes [123].

2.2.21. Alumínio

O alumínio foi proposto como armazenador de energia por vários investigadores. O seu equivalente eletroquímico (8,04 Ah/cm3) é quase quatro vezes superior ao do lítio (2,06 Ah/cm3) [124]. A energia pode ser extraída do alumínio reagindo-o com água para gerar hidrogénio [125]. No entanto, o alumínio deve ser previamente despojado da sua camada natural de óxido, um processo que requer pulverização [126], reacções químicas com substâncias cáusticas ou ligas. O subproduto da reação para criar hidrogénio é o óxido de alumínio, que pode ser reciclado em alumínio com o processo Hall-Héroult, tornando a reação teoricamente renovável. Se o processo Hall-Héroult for executado utilizando energia solar ou eólica, o alumínio pode ser utilizado para armazenar a energia produzida com maior eficiência do que a eletrólise solar direta [127].

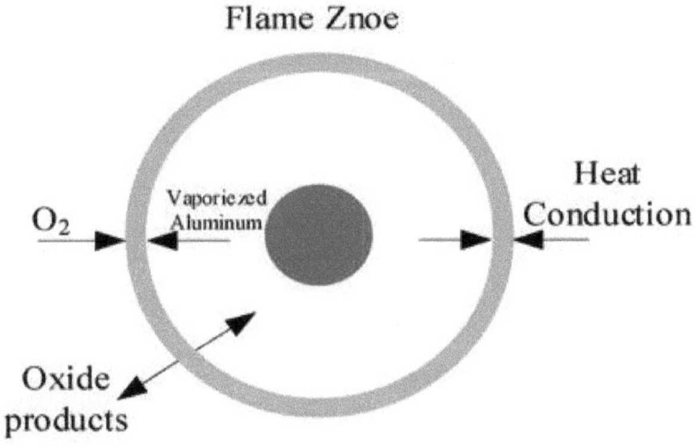

## 2.2.22.	Boro, Silício e Zinco

O boro [128], o silício [129] e o zinco [130] foram propostos como soluções de armazenamento de energia.

## 2.2.23.	Outros produtos químicos

O composto orgânico norbornadieno converte-se em quadri-ciclano quando exposto à luz, armazenando a energia solar como energia de ligações químicas. Na Suécia, foi desenvolvido um sistema funcional como sistema solar térmico molecular [131].

## 2.2.24.	Métodos eléctricos
2.2.24.1. Condensador

Um condensador (originalmente conhecido como "condensador") é um componente elétrico passivo de dois terminais utilizado para armazenar energia electroestática. Os condensadores práticos variam muito, mas todos contêm pelo menos dois condutores eléctricos (placas) separados por um dielétrico (ou seja, isolante). Um condensador pode armazenar energia eléctrica quando desligado do seu circuito de carga, pelo que pode ser utilizado como uma bateria temporária ou como outros tipos de sistemas recarregáveis de armazenamento de energia [132]. Os condensadores são normalmente utilizados em dispositivos electrónicos para manter o fornecimento de energia enquanto as baterias mudam. (Isto evita a perda de informação na memória volátil

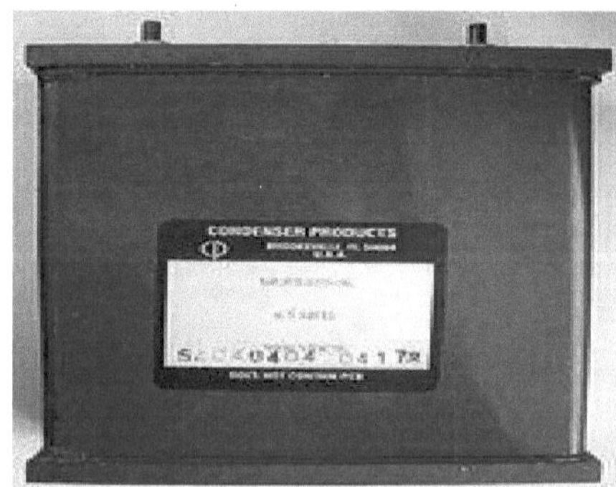

**Este condensador em película de mylar, cheio de óleo, tem uma indutância muito baixa e uma baixa resistência, para fornecer a alta potência (70 megawatts) e a
são necessárias descargas de velocidade muito elevada (1,2 microssegundos)**

para operar um laser de corante.

Os condensadores armazenam energia num campo eletrostático entre as suas placas. Dada uma diferença de potencial entre os condutores (por exemplo, quando um condensador é ligado a uma bateria), desenvolve-se um campo elétrico através do dielétrico, fazendo com que a carga positiva (+Q) se acumule numa placa e a carga negativa (-Q) se acumule na outra placa. Se uma pilha estiver ligada a um condensador durante um período de tempo suficiente, não pode passar qualquer corrente através do condensador. No entanto, se for aplicada uma tensão acelerada ou alternada através dos cabos do condensador, pode fluir uma corrente de deslocamento. Para além das placas do condensador, a carga pode também ser armazenada numa camada dieléctrica [133].

A capacitância é maior quando a separação entre os condutores é mais estreita e quando os condutores têm uma área de superfície maior. Na prática, o dielétrico entre as placas emite uma pequena quantidade de corrente de fuga e tem um limite de intensidade de campo elétrico, conhecido como tensão de rutura. No entanto, o efeito de recuperação de um dielétrico após uma avaria de alta tensão é promissor para uma nova geração de condensadores de auto-cura [134, 135]. Os condutores e os cabos introduzem indutância e resistência indesejáveis.

A investigação está a avaliar os efeitos quânticos de condensadores à escala nanométrica [136] para baterias quânticas digitais [137, 138].

2.2.24.2. Magnéticos supercondutores

Os sistemas de armazenamento de energia magnética supercondutora (SMES) armazenam energia num campo magnético criado pelo fluxo de corrente contínua numa bobina supercondutora que foi arrefecida a uma temperatura inferior à sua temperatura crítica supercondutora. Um sistema SMES típico inclui uma bobina supercondutora, um sistema de condicionamento de energia e um frigorífico. Quando a bobina supercondutora está carregada, a corrente não decai e a energia magnética pode ser armazenada indefinidamente [139].

A energia armazenada pode ser libertada para a rede através da descarga da bobina. O inversor/retificador associado é responsável por cerca de 2-3% de perda de energia em cada direção. A SMES perde a menor quantidade de eletricidade no processo de armazenamento de energia em comparação com outros métodos de armazenamento de energia. Os sistemas SMES oferecem uma eficiência de ida e volta superior a 95% [140].

2.2.25.   Aplicações
2.2.25.1. Moinhos

A aplicação clássica antes da revolução industrial era o controlo dos cursos de água para acionar moinhos de água para o processamento de cereais ou para a alimentação de máquinas. Foram construídos sistemas complexos de reservatórios e barragens para armazenar e libertar água (e a energia potencial que continha) quando necessário [141].

2.2.25.2. Casas

Prevê-se que o armazenamento doméstico de energia se torne cada vez mais comum, dada a importância crescente das energias renováveis de produção distribuída (especialmente a energia fotovoltaica) e a parte importante do consumo de energia nos edifícios [142]. Para ultrapassar uma autossuficiência de 40% num agregado familiar equipado com energia fotovoltaica, é necessário armazenamento de energia. Vários fabricantes produzem sistemas de baterias recarregáveis para armazenar energia, geralmente para reter a energia excedente da produção doméstica de energia solar ou eólica. Atualmente, para o armazenamento doméstico de energia, as baterias de iões de lítio são preferíveis às de chumbo-ácido devido ao seu custo semelhante, mas com um desempenho muito melhor [143].

A Tesla Motors produz dois modelos do Tesla Power-wall. Um é uma versão de ciclo semanal de 10 kWh para aplicações de reserva e o outro é uma versão de 7 kWh para aplicações de ciclo diário [144]. Em 2016, uma versão limitada do Tesla Power-pack 2 custava $398(US)/kWh para armazenar eletricidade no valor de 12,5 cêntimos/kWh (preço médio da rede nos EUA), tornando duvidoso um retorno positivo do investimento, a menos que os preços da eletricidade sejam superiores a 30 cêntimos/kWh [145].

A Rose-Water Energy produz dois modelos de "Energy & Storage System", o HUB 120 [146] e o SB20 [147]. Ambas as versões fornecem 28,8 kWh de potência, o que lhe permite funcionar em casas maiores ou instalações comerciais ligeiras, e proteger instalações personalizadas. O sistema fornece cinco elementos-chave num único sistema, incluindo o fornecimento de uma onda sinusoidal limpa de 60 Hz, tempo de transferência zero, proteção contra picos de tensão de nível industrial, venda de energia renovável à rede (opcional) e bateria de reserva [148, 149].

A Enphase Energy anunciou um sistema integrado que permite aos utilizadores domésticos armazenar, monitorizar e gerir a eletricidade. O sistema armazena 1,2 kWh de energia e 275W/500W de potência [150].

O armazenamento de energia eólica ou solar utilizando o armazenamento de energia térmica, embora menos flexível, é consideravelmente mais barato do que as baterias. Um simples aquecedor de água elétrico de 52 galões pode armazenar cerca de 12 kWh de energia para complementar a água quente ou o aquecimento ambiente [151].

2.2.26. Investigação
2.2.26.1. Alemanha

Em 2013, o governo alemão afectou 200 milhões de euros (cerca de 270 milhões de dólares) à investigação e outros 50 milhões de euros para subsidiar o armazenamento de baterias em painéis solares de telhados residenciais, de acordo com um representante da Associação Alemã de Armazenamento de Energia [152].

A Siemens AG encomendou a abertura, em 2015, de uma fábrica de produção e investigação no Zentrum für Sonnenenergie und Wasserstoff (ZSW, Centro Alemão de Investigação em Energia Solar e Hidrogénio no Estado de Baden-Württemberg), uma colaboração entre a universidade e a indústria em Estugarda, Ulm e Widder-stall, com cerca de 350 cientistas, investigadores, engenheiros e técnicos. A fábrica desenvolve novos materiais e processos de fabrico próximos da produção (NPMM&P) utilizando um sistema computorizado de Controlo de Supervisão e Aquisição de Dados (SCADA). O seu objetivo é permitir a expansão da produção de pilhas recarregáveis com maior qualidade e menor custo [153, 154].

2.2.26.2. Estados Unidos da América

Em 2014, foram abertos centros de pesquisa e teste para avaliar as tecno-logias de armazenamento de energia. Entre eles estava o Laboratório de Testes de Sistemas Avançados da Universidade de Wisconsin em Madison, no estado de Wisconsin, que fez uma parceria com o fabricante de baterias Johnson Controls [155]. O laboratório foi criado como parte do recém-inaugurado Wisconsin Energy Institute da universidade. Os seus objectivos incluem a avaliação de baterias de veículos eléctricos de última geração e da próxima geração, incluindo a sua utilização como suplementos da rede [156].

O Estado de Nova Iorque revelou o seu Centro de Testes e Comercialização de Baterias e Tecnologia de Armazenamento de Energia de Nova Iorque (NY-BEST) no Eastman Business Park em Rochester, Nova Iorque, com um custo de 23 milhões de dólares para o seu laboratório de quase 1700 m2. O centro inclui o Center for Future Energy Systems, uma colaboração entre a Cornell University de Ithaca, Nova Iorque, e o Rensselaer Poly-technic Institute de Troy, Nova Iorque. O NY-BEST testa, valida e certifica de forma independente diversas formas de armazenamento de energia destinadas a utilização comercial [157].

Em 27 de setembro de 2017, os senadores Al Franken, do Minnesota, e Martin Heinrich, do Novo México, apresentaram a lei Advancing Grid Storage Act (AGSA), que consagraria mais de mil milhões de dólares à investigação, assistência técnica e subvenções para incentivar o armazenamento de energia nos Estados Unidos [158].

Em modelos de rede com elevada quota de ERV, o custo excessivo do armazenamento tende a dominar os custos de toda a rede - por exemplo, só na Califórnia, uma quota de 80% de ERV exigiria 9,6 TWh de armazenamento, mas 100% exigiria 36,3 TWh. De acordo com outro estudo, o abastecimento de 80% da procura dos EUA a partir de ERV exigiria uma rede inteligente que cobrisse todo o país ou um armazenamento em bateria capaz de abastecer todo o sistema durante 12 horas, ambos com um custo estimado em 2,5 biliões de dólares [159, 160].

2.2.26.3. Reino Unido

No Reino Unido, cerca de 14 agências industriais e governamentais aliaram-se a sete universidades britânicas em maio de 2014 para criar o SUPERGEN Energy Storage Hub, a fim de ajudar na coordenação da investigação e desenvolvimento de tecnologias de armazenamento de energia [161, 162].

2.3. Referências

[1].   "Principais conclusões - Perspectivas da energia mundial 2022 - Análise". AIE.
   Recuperado em 2023-09-01.
[2].   Fankhauser, Sam; et al. (2022).
   "O significado de net zero e como o conseguir corretamente".
   Natureza Alterações Climáticas. 12 (1): 15-21.
[3].   Rogelj, Joeri; Geden, Oliver; Cowie, Annette; Reisinger, (16 de março de 2021).
   "Os objectivos de emissões líquidas nulas são vagos: três formas de os corrigir".
   Natureza. 591 (7850): 365-368.
[4].   "O que significa carbono neutro e o que é net zero?".
   Museu de História Natural, Londres. Recuperado em 2023-08-20.
[5].   "Guia para principiantes sobre a neutralidade climática". Nações Unidas para o Clima
   Alterar. 26 de fevereiro de 2021. Recuperado em 2023-08-2
[6].   Jeudy-Hugo, Sirini; Re, Luca Lo; Falduto, Chiara (2021-10-27).

Understanding countries' net-zero emissions targets (Relatório). OCDE/AIEA

Documentos do Grupo de Peritos em Alterações Climáticas. Paris: OCDE.

[7]. "The Net-Zero Standard". Objectivos baseados na ciência. Recuperado em 2023-12-13.

[8]. "Net Zero: Uma breve história". Unidade de Informação sobre Energia e Clima.

Recuperado em 17 de abril de 2023.

[9]. "Net Zero Tracker". netzerotracker.net. Recuperado em 17 de abril de 2023.

[10]. "Avaliações do objetivo CAT net zero". climateactiontracker.org.

Recuperado em 2024-03-21.

[11]. "Avaliações da meta CAT net zero". climateactiontracker.org. Recuperado em 29

março de 2023.

[12]. "As grandes empresas continuam a aumentar as suas despesas com o clima, como lhes dizem os governos".

Fortuna. Recuperado em 17 de abril de 2023.

[13]. "Taking stock: A global assessment of net zero targets". Energia e Clima

Unidade de Inteligência. 25 de outubro de 2021. Recuperado em 29 de março de 2023.

[14]. "Mais empresas estabelecem objectivos climáticos 'net-zero', poucas têm planos credíveis".

Notícias AP. 11 de junho de 2023. Recuperado em 31 de julho de 2023.

[15]. "Get Net Zero Right" (PDF). UNFCC.

[16]. "Evolving regulation of companies in climate change framework laws".

Instituto de Investigação Grantham sobre as alterações climáticas e o ambiente.

Recuperado em 26 de julho de 2023.

[17]. "Lei Federal sobre os Objectivos de Proteção do Clima - Leis Mundiais sobre Alterações Climáticas".

climate-laws.org. Recuperado em 26 de julho de 2023.

[18]. Allen, Myles R.; et al. (2022).

"Net Zero: Ciência, Origens e Implicações". Revista Anual de Ambiente e Recursos. 47 (1): 849-887.

[19]. "Aquecimento global de 1,5 °C". Recuperado em 17 de abril de 2023.

[20]. Hausfather, Zeke (2021-04-29).

"Explicador: O aquecimento global vai "parar" quando se atingirem as emissões líquidas nulas?".

Resumo do Carbono. Recuperado em 2023-09-09.

[21]. Solomon, Susan; et al. (2009-02-10).

"Alterações climáticas irreversíveis devido às emissões de dióxido de carbono". Actas

da Academia Nacional de Ciências. 106 (6): 1704-1709.

[22]. Levin, Kelly; et al. (2023).

O que significa "emissões líquidas zero"? 8 perguntas comuns, respondidas".

Instituto de Recursos Mundiais.

[23]. Pierrehumbert, R.T. (2014-05-30). "Poluição climática de curta duração". Anual

Revista de Ciências da Terra e Planetárias. 42 (1): 341-379.

[24]. -Grupo de Peritos de Alto Nível das Nações Unidas -sobre o programa "Net Zero Emissions

Autorizações de entidades não estatais (2022).

A integridade é importante: Compromissos Net Zero Empresas, cidades e regiões.

Nações Unidas.

[25]. Murray, Joy; Dey, Christopher (2009). "A neutralidade carbónica gratuita para todos".

Revista Internacional de Controlo dos Gases com Efeito de Estufa. 3 (2): 237-248.

[26]. "The Net-Zero Standard". Metas baseadas na ciência. Recuperado em 20 de junho de 2023.

[27]. "ISO/FDIS 14068". ISO. Recuperado em 29 de março de 2023.

[28]. "Campanha Corrida para Zero da UNFCCC". unfccc.int. Recuperado em 20 de junho de 2023.

[29]. "IWA 42:2022 Orientações Net Zero". www.iso.org. Recuperado em 17 de julho de 2023.

[30]. "Net Zero vs. Carbono Neutro". Instituto de Finanças Empresariais. Recuperado em 18

julho de 2023.

[31]. "Carbono neutro e net zero - o que significam?". World Economic Fórum. 23 de agosto de 2022. Recuperado em 20 de julho de 2023.

[32]. "Protocolo GHG". climate-pact.europa.eu. Recuperado em 2022-12-27.

[33]. Greenhouse Gas Protocol Corporate Accounting 2004, pp. 8-9

[34]. Greenhouse Gas Protocol Corporate Accounting 2004, p. 25

[35]. Greenhouse Gas Protocol Corporate Accounting 2004, p. 27

[36]. Greenhouse Gas Protocol Corporate Accounting 2004, pp. 27-29

[37]. Sotos, Mary (2015). Orientação para o âmbito 2 do Protocolo GHG (PDF). Mundo

Instituto de Recursos. p. 6. ISBN 978-1-56973-850-4. Recuperado em 4 de junho de 2021.

[38]. "Norma Contabilística e de Relato da Cadeia de Valor Empresarial (Âmbito 3)".

Protocolo sobre gases com efeito de estufa. Arquivado em 31 de janeiro de 2021. Recuperado em 2016-02-28.

[39]. Nota técnica do CDP: Relevância das categorias de âmbito 3 por sector. Carbono

Projeto de Divulgação. 2022. p. 6. Recuperado em 20 de janeiro de 2023.

[40]. "O plano da Arábia Saudita para se tornar verde". Tempo. 2022-09-01. Recuperado em 2023-08-26.

[41]. "Objectivos de emissões no sector do petróleo e do gás: How do they stack up?".

Instituto de Investigação Grantham sobre as alterações climáticas e o ambiente.

Recuperado em 2023-08-26.

[42]. Grupo de Peritos em Avaliação da Corrida para Zero (junho de 2022).

Guia de Interpretação (PDF). p. 4.

[43]. "Verificação da neutralidade do carbono". carbontrust.com. 13 de janeiro de 2020.

Recuperado em 20 de julho de 2023.

[44]. "Untangling our climate goals". Unidade de Informação sobre Energia e Clima.

Recuperado em 2023-08-11.

[45]. Buck, Holly Jean; Carton, Wim; Lund, Jens Friis; Markusson, Nils (abril

2023). "Porque é que as emissões residuais são importantes neste momento". Natureza Clima

Alterar. 13 (4): 351-358.

[46]. "Como é que as empresas podem lidar com as chamadas 'emissões residuais'? - CDP".

www.cdp.net. Recuperado em 17 de julho de 2023.

[47]. "The net-zero transition for hard-to-abate sectors | McKinsey".

www.mckinsey.com. Recuperado em 18 de julho de 2023.

[48]. "Unlocking the "Hard to Abate" Sectors". Instituto de Recursos Mundiais. 24

fevereiro de 2020. Recuperado em 18 de julho de 2023.

[49]. "PAS 2060 - Norma e Certificação de Neutralidade de Carbono".

www.bsigroup.com. Recuperado em 18 de julho de 2023.

[50]. "Directrizes Net Zero". www.iso.org. Recuperado em 21 de junho de 2023.

[51]. Léxico "Race to Zero" (PDF).

[52]. "Metano e alterações climáticas - Global Methane Tracker 2022 - Análise".

AIE. Recuperado em 18 de julho de 2023.

[53]. "A Atmosfera: Getting a Handle on Carbon Dioxide". Alterações climáticas:

Sinais vitais do planeta. Recuperado em 18 de julho de 2023.

[54]. Comité das Alterações Climáticas (2022).

Voluntary Carbon Markets and Offsetting (Mercados voluntários de carbono e compensação). Governo do Reino Unido. p. 38.

[55]. Smith, Kevin (2007).

O mito do carbono neutro: compensar os pecados climáticos com indulgências. Óscar

Reyes, Timothy Byakola, Carbon Trade Watch. Amesterdão: Transnacional

Instituto. ISBN 978-90-71007-18-7. OCLC 778008109.

[56]. "O cão de guarda da publicidade holandesa diz à Shell para retirar a campanha 'Carbono Neutro'".

Bloomberg.com. 27 de agosto de 2021. Recuperado em 2 de dezembro de 2022.

[57]. "CDM: Sobre o MDL". cdm.unfccc.int. Recuperado em 2 de dezembro de 2022.

[58]. "Plataforma em linha das Nações Unidas para as reduções voluntárias de anulação (RCE)".

offset.climateneutralnow.org. Recuperado em 2 de dezembro de 2022.

[59]. Hua, Fangyuan; et al. (2022).

"As contribuições dos serviços ecossistémicos para a biodiversidade abordagens de restauração".

Ciência. 376 (6595): 839-844.

[60]. "Net Zero by 2050 - Analysis". AIE. maio de 2021. Recuperado em 2023-09-06.

[61]. Clarke, Energia. "Armazenamento de energia". Clarke Energy. Arquivado em 28 de julho,

2020. Recuperado em 5 de junho de 2020.

[62]. Liasi, Sahand Ghaseminejad; Bathaee, Seyed Mohammad Taghi (30 de julho,

2019). "Otimização da microrrede utilizando a resposta à procura e veículos eléctricos

ligação à microrrede". 2017 Smart Grid Conference (SGC). pp. 1-7.

[63]. Hittinger, Eric; Ciez, Rebecca E. (17 de outubro de 2020).
"Modelação dos custos e benefícios dos sistemas de armazenamento de energia". Revisão Anual
de Ambiente e Recursos. 45 (1): 445-469.
[64]. Bailera, Manuel; et al. (1 de março de 2017).
"Power to Gas review: centrais de armazenamento de energias renováveis e de CO2".
Renewable and Sustainable Energy Reviews. 69: 292-312. Arquivado em
10 de março de 2020.
[65]. Huggins, Robert A (1 de setembro de 2010). Armazenamento de energia. Springer.
p. 60. ISBN 978-1-4419-1023-3.
[66]. "Armazenamento de energia - Embalar alguma energia". The Economist. 3 de março de 2011.
Arquivado em 6 de março de 2020. Recuperado em 11 de março de 2012.
[67]. Jacob, Thierry.Pumped storage in Switzerland - an outlook beyond 2000.
Arquivado 7 de julho de 2011, no Máquina Way-back Stucky. Acedido:
13 de fevereiro de 2012.
[68]. Levine, Jonah G.
Aproveitamento de energia hidroelétrica por bombagem de fontes de energia renováveis.
Arquivado 1 de agosto de 2014, no Máquina Way-back página 6,
Universidade do Colorado, dezembro de 2007. Acedido: 12 de fevereiro de 2012.
[69]. Yang, Chi-Jen. Pumped Hydroelectric Storage Arquivado em 5 de setembro,
2012, no Máquina Way-back Universidade de Duke. Acedido: 12 de fevereiro de 2012.
[70]. Armazenamento de energia Arquivado 7 de abril de 2014,
no Máquina Way-back Hawaiian Electric Company. Acedido: fevereiro de
13, 2012.
[71]. Wild, Matthew, L. Wind Drives Growing Use of Batteries (O vento impulsiona o uso crescente de baterias).
Arquivado 5 de dezembro de 2019, Máquina Way-back, NY Times, 28 de julho de 2010, p. 1.
[72]. Keles, Dogan; Hartel, Rupert; Möst, Dominik; Fichtner, W. (primavera de 2012).

"Investimentos em centrais eléctricas de armazenamento de energia a ar comprimido em condições de incerteza

preços da eletricidade: uma avaliação das instalações de armazenamento de energia a ar comprimido em

mercados de energia liberalizados". The Journal of Energy Markets. 5 (1): 54.

[73]. Gies, Erica. Global Clean Energy: A Storage Solution Is in the Air" [Uma solução de armazenamento está no ar].

Arquivado 8 de maio de 2019, no Máquina Way-back,

Sítio Internet do International Herald Tribune, 1 de outubro de 2012. Recuperado

do sítio Web do NYTimes.com, 19 de março de 2013.

[74]. Diem, William. Experimental on making it practical for real-world driving,

Auto.com, 18 de março de 2004. Recuperado de Archive.org em 19 de março de 2013.

[75]. Slashdot: Carro movido a ar comprimido Arquivado 28 de julho de 2020, em

Máquina Way-back, sítio Web Freep.com, 2004.03.18

[76]. Torotrak Toroidal variable drive CVT Arquivado 16 de maio de 2011,

no Máquina Way-back, recuperado em 7 de junho de 2007.

[77]. Castelvecchi, Davide (19 de maio de 2007).

"Spinning into control: High-tech reincarnations of an storing energy".

Notícias científicas. 171 (20): 312-313. Arquivado em 6 de junho de 2014.

Recuperado em 8 de maio de 2014.

[78]. "Relatório sobre a tecnologia de armazenamento, volante de inércia ST6" (PDF).

Arquivado em 14 de janeiro de 2013. Recuperado em 8 de maio de 2014.

[79]. "Próxima geração de armazenamento de energia do volante de inércia". Conceção e desenvolvimento de produtos.

Arquivado em 10 de julho de 2010. Recuperado em 21 de maio de 2009.

[80]. Fraser, Douglas (22 de outubro de 2019).

"Empresa de Edimburgo gera eletricidade a partir da gravidade".

BBC News. Arquivado em 28 de julho de 2020. Recuperado em 14 de janeiro de 2020.

[81]. Akshat Rathi (18 de agosto de 2018).

"Empilhar blocos de betão é uma forma surpreendentemente eficiente de armazenar energia".

Quartzo. Arquivado em 3 de dezembro de 2020. Recuperado em 20 de agosto de 2018.

[82]. Gourley, Perry (31 de agosto de 2020).

"Empresa de Edimburgo está na origem de um marco incrível no armazenamento de energia por gravidade".

www.edinburghnews.scotsman.com.

Arquivado em 2 de setembro de 2020. Recuperado em 1 de setembro de 2020.

[83]. Packing Some Power: Tecnologia energética: Arquivado 7 de julho de 2014, em

The Way-back Machine, The Economist, 3 de março de 2012

[84]. Downing, Louise. Ski Lifts Help Open $25 Billion Market Storing Power [Elevadores de Esqui Ajudam a Abrir um Mercado de 25 Bilhões de Dólares para Armazenamento de Energia].

Arquivado 17 de setembro de 2016, no Máquina Way-back,

Bloomberg News online, 6 de setembro de 2012

[85]. Kernan, Aedan. Armazenamento de energia nos carris Arquivado 12 de abril de 2014, em

Máquina Way-back, sítio web Leonardo-Energy.org, 30 de outubro de 2013

[86]. Massey, Nathanael e ClimateWire. Energy Storage Hits Rails Out West .

Arquivado 30 de abril de 2014, no Máquina Way-back,

Site ScientificAmerican.com, março de 2014. Recuperado em 28 de março de 2014.

[87]. David Z. Morris (2016). "Trem de armazenamento de energia obtém aprovação de Nevada".

Fortuna. Arquivado em 20 de agosto de 2018. Recuperado em 20 de agosto de 2018.

[88]. "Sistema de armazenamento de energia de elevação: Transformar arranha-céus em baterias de gravidade".

Novo Atlas. 31 de maio de 2022. Recuperado em 31 de maio de 2022.

[89]. "Armazenamento de energia gravitacional StratoSolar". Arquivado em 20 de agosto de 2018.

Recuperado em 20 de agosto de 2018.

[90]. Choi, A. (2017). "Soluções físicas simples para armazenar energia renovável".

NOVA. PBS. Arquivado em 29 de agosto de 2019. Recuperado em 29 de agosto de 2019.

[91]. Layered Materials for Energy Storage and Conversion, Editores: Dongsheng

Geng, Cheng, Gang Zhang, Royal Society of Chem, Cambridge 2019,

[92]. "Evidence Gathering: Tecnologias de armazenamento de energia térmica (TES)".

Departamento de Negócios, Energia e Estratégia Industrial. Arquivado em 31 de outubro,

2020. Recuperado em 24 de outubro de 2020.

[93]. Hellström, G. (19 de maio de 2008), Large-Scale Applications of Ground-Source

Heat Pumps in Sweden, IEA Heat Pump Annex 29 Workshop, Zurique.

[94]. Wong, B. (2013). Integração de bombas solares e de calor. Arquivado em 10 de junho de 2016,

no Máquina Way-back.

[95]. Wong, B. (2011). Comunidade Solar de Drake Landing. Arquivado em 4 de março,

2016, no Máquina Way-back

[96]. A comunidade solar canadiana estabelece uma nova eficiência energética e inovação.

Arquivado 30 de abril de 2013, no Máquina Way-back, Recursos naturais

Canadá, 5 de outubro de 2012.

[97]. Aquecimento urbano solar (SDH). 2012.

O parque solar de Braedstrup, na Dinamarca, é agora uma realidade! Arquivado em 26 de janeiro,

2013, no Wayback Machine Newsletter. 25 de outubro de 2012.

[98]. Sekhara Reddy, M.C.; T., R.L.; K., D.R; Ramaiah, P.V (2015).

"Melhoria dos materiais de armazenamento de calor latente para armazenamento de energia térmica".

Revista I-Manager sobre Engenharia Mecânica. 5: 36.

ProQuest 1718068707.

[99]. "Armazenamento de eletricidade". Instituto de Engenheiros Mecânicos. maio de

2012. Arquivado em 10 de janeiro de 2020. Recuperado em 31 de outubro de 2020.

[100]. Danigelis, Alyssa (19 de dezembro de 2019).

"Primeiro sistema de armazenamento de energia de ar líquido de longa duração planeado para os EUA".

Líder em Ambiente + Energia. Arquivado em 4 de novembro de 2020.

Recuperado em 20 de dezembro de 2019.

[101]. Dumont, Olivier; et al. (2020).

"Tecnologia das baterias de Carnot: A state-of- the-art review". Revista de Energia
Armazenamento. 32: 101756.

[102]. Susan Kraemer (16 de abril de 2019).
"Fazer baterias de Carnot com centrais de energia térmica a carvão de sal fundido".
SolarPACES. Arquivado em 30 de outubro de 2020. Recuperado em 31 de outubro de 2020.

[103]. "A primeira bateria de Carnot do mundo armazena eletricidade no calor". Energia alemã
Iniciativa de soluções. 20 de setembro de 2020. Arquivado em 23 de outubro de 2020.
Recuperado em 29 de outubro de 2020.

[104]. Yao, L.; Yang, B.; Cui, H.; Zhuang, J.; Ye, J.; Xue, J. (2016).
"Desafios e progressos da aplicação da energia em sistemas eléctricos".
Journal of Modern Power Systems and Clean Energy. 4 (4): 520-521.

[105]. Aifantis, Katerina E.; Hackney, Stephen A.; Kumar, R. Vasant (30 de março,
2010).
Baterias de lítio de alta densidade energética: Materiais, engenharia e aplicações.
John Wiley & Sons. ISBN 978-3-527-63002-8.

[106]. David L. Chandler (2022). "Um novo conceito para baterias de baixo custo".

[107]. B. E. Conway (1999).
Supercapacitores electroquímicos: Aplicações Científicas e Tecnológicas.
Berlim: Springer. ISBN 978-0306457364. Recuperado em 2 de maio de 2013.

[108]. Marin S. Halper, James C. Ellenbogen (março de 2006).
Super-capacitores: Uma breve panorâmica. Grupo MITRE Nanosystems.
Arquivado em 1 de fevereiro de 2014. Recuperado em 20 de janeiro de 2014.

[109]. Frackowiak, Elzbieta; Béguin, François (2001).
"Materiais de carbono para o armazenamento eletroquímico de energia em condensadores".
Carbono. 39 (6): 937-950.

[110]. "Células condensadoras - ELTON". Elton-cap.com. Arquivado em 23 de junho de 2013.
Recuperado em 29 de maio de 2013.

[111]. Zerrahn, Alexander; Schill, Wolf-Peter; Kemfert, Claudia (2018).
"Sobre a economia do armazenamento elétrico de fontes de energia renováveis variáveis".
European Economic Review. 108: 259-279

[112]. Oprisan, Morel.
Introdução das tecnologias do hidrogénio na ilha de Ramea Arquivado em 30 de julho,
2016, no Máquina Way-back, Inovação Tecnológica CANMET
Centre, Natural Resources Canada, abril de 2007.

[113]. Zyga, L. (2006). "Porque é que a economia do hidrogénio não faz sentido".
Sítio Web Physorg.com. Physorg.com. pp. 15-44. Arquivado em 1 de abril de 2012.
Recuperado em 17 de novembro de 2007.

[114]. "Forma segura e eficiente de produzir hidrogénio para a energia das aeronaves em voo".
Arquivado em 9 de julho de 2018. Recuperado em 9 de julho de 2018.

[115]. "Novo processo gera hidrogénio a partir de alumínio para motores e células de combustível".
Arquivado em 13 de dezembro de 2020. Recuperado em 9 de julho de 2018.

[116]. Eberle, Ulrich e Rittmar von Helmolt.
"Conceitos de veículos eléctricos baseados em transportes sustentáveis: breve descrição"
Arquivado 21 de outubro de 2013, no Máquina Wayback. Energia e
Environmental Science, Royal Society of Chemistry, 14 de maio de 2010,
acedido em 2 de agosto de 2011.

[117]. "Avaliação comparativa de opções de armazenamento seleccionadas" (PDF).

[118]. "HyWeb - O Portal de Informação LBST sobre Hidrogénio e Células de Combustível".
www.hyweb.de. Arquivado em 2 de janeiro de 2004. Recuperado em 28 de setembro de 2008.

[119]. "Armazenamento de energia renovável: o hidrogénio é uma solução viável?" (PDF).

[120]. "Motores movidos a hidrogénio para trotinetas eléctricas" (Comunicado de imprensa).
Sociedade Fraunhofer. 1 de fevereiro de 2021. Arquivado em 3 de fevereiro de 2021.
Recuperado em 22 de fevereiro de 2021.

[121]. Röntzsch, Lars; Vogt, Marcus (fevereiro de 2019).
Livro branco - PowerPaste for off-grid power supply (Relatório técnico).
Sociedade Fraunhofer. Arquivado em 7 de fevereiro de 2021. Recuperado em 22 de fevereiro de 2021.
[122]. Varone, Alberto; Ferrari, Michele (2015).
"Power to liquid e power to gas: Uma opção para a Energiewende alemã".
Renewable and Sustainable Energy Reviews. 45: 207-218.
[123]. Combustíveis alternativos limpos: Fischer-Tropsch Arquivado 10 de julho de 2007, em
the Wayback Machine, Transportes e Qualidade do Ar, Transportes e
Divisão de Programas Regionais, Agência de Proteção Ambiental dos EUA, março
2002.
[124]. "Visão geral das baterias de iões de lítio". Panasonic. Arquivado em setembro de
21, 2018. Recuperado em 9 de julho de 2018.
[125]. Livro Branco: Novel Method Grid Energy Storage Using Aluminum Fuel.
Arquivado 31 de maio de 2013, no Máquina Way-back, Alchemy Research,
abril de 2012.
[126]. "Descoberta do Exército oferece nova fonte de energia|Laboratório de Pesquisa do Exército dos EUA".
arl.army.mil. Arquivado em 9 de julho de 2018. Recuperado em 9 de julho de 2018.
[127]. "Eficiência Atual, Energia Específica, O Processo de Fundição do Alumínio".
aluminum-production.com. Arquivado em 9 de julho de 2018. Recuperado em 9 de julho,
2018.
[128]. Cowan, Graham R.L. Boron: A Better Energy Carrier than Hydrogen?
Arquivado 5 de julho de 2007, no Máquina Way-back, 12 de junho de 2007
[129]. Auner, Norbert. Si- intermediário entre as energias renováveis e o hidrogénio.
Arquivado 29 de julho de 2013, no Máquina Way-back.
[130]. Engenheiro-Poeta. Blogue Ergosfera, Zinco: metal milagroso? Arquivado em 14 de agosto,
2007, no Máquina Way-back, 29 de junho de 2005.

[131]. "Armazenamento líquido de energia solar: Mais eficaz do que nunca".

sciencedaily.com. Arquivado em 20 de março de 2017. Recuperado em 21 de março de 2017.

[132]. Miller, Charles. Illustrated Guide to the National Electrical Code [Guia Ilustrado do Código Elétrico Nacional].

Arquivado 19 de agosto de 2020, no Máquina Way-back, p. 445 (Cengage

Aprendizagem 2011).

[133]. Bezryadin, A.; et., al. (2017).

"Grande eficiência de armazenamento de energia dieléctrica dos nano-capacitores de grafeno".

Nanotecnologia. 28 (49): 495401.

[134]. Belkin, Andrey; et., al. (2017).

"Recuperação de Nanocapacitores de Alumina após quebra de alta tensão". Sci.

Rep. 7 (1): 932.

[134]. Chen, Y.; et., al. (2012).

"Estudo das características de auto-regeneração e de vida útil de um campo elétrico elevado".

IEEE Transactions on Plasma Science. 40 (8): 2014-2019.

[135]. Hubler, A.; Osuagwu, O. (2010).

"Baterias quânticas digitais: Matrizes tubulares de armazenamento de energia e informação".

Complexidade. 15 (5): 48-55.

[136]. Talbot, David (2009). "Um salto quântico no design de baterias". Tecnologia

Revisão. MIT. Recuperado em 9 de junho de 2011.

[137]. Hubler, Alfred W. (janeiro-fevereiro de 2009). "Baterias digitais".

Complexidade. 14 (3): 7-8.

[138]. Hassenzahl, W.V.,

"Supercondutividade aplicada: Supercondutividade, uma tecnologia facilitadora

Para os sistemas eléctricos do século XXI?",

IEEE Transactions on Magnetics, pp. 1447-1453, Vol. 11, março de 2001.

[139]. Cheung K.Y.C; Cheung S.T.H.; Navin De Silvia; Juvonen; Singh; Woo

J.J. Large-Scale Energy Storage Systems, Imperial College London: ISE2,

2002/2003.

[140]. Enciclopédia de tecnologia e ciências aplicadas. Vol. 10. New York:

Marshall Cavendish. 2000. p. 1401. ISBN 076147126X.
Recuperado em 31 de dezembro de 2020.
[141]. Guilherme de Oliveira e Silva; Patrick Hendrick (15 de setembro de 2016).
"Baterias de chumbo-ácido associadas a sistemas fotovoltaicos para aumentar a eletricidade
autossuficiência dos agregados familiares". Applied Energy. 178: 856-867.
[142]. de Oliveira e Silva, Guilherme; Hendrick, Patrick (1 de junho de 2017).
"Autossuficiência fotovoltaica dos agregados familiares belgas e impacto na rede".
Energia Aplicada. 195: 786-799.
[143]. Debord, (2015). "O grande anúncio de Elon Musk: chamado 'Tesla Energy'".
Business Insider. Arquivado em 5 de maio de 2015. Recuperado em 11 de junho de 2015.
[144]. "Tesla reduz o preço do sistema Power-pack em mais uma geração".
Electrek. 15 de maio de 2017. Arquivado em 14 de novembro de 2016.
Obtido em 14 de novembro de 2016.
[145]. "Grupo de energia RoseWater para estrear o HUB 120 na CEDIA 2017".
29 de agosto de 2017. Arquivado em 5 de junho de 2019. Recuperado em 5 de junho de 2019.
[146]. "Rosewater Energy - Produtos". Arquivado em 5 de junho de 2019. Recuperado em junho
5, 2019.
[147]. "Energia RoseWater: A fonte de alimentação de $60K mais limpa e ecológica de sempre".
Integrador comercial. 19 de outubro de 2015. Arquivado em 5 de junho de 2019.
Recuperado em 5 de junho de 2019.
[148]. "Como a bateria doméstica gigante da RoseWater é diferente da da Tesla".
CEPRO. 19 de outubro de 2015. Arquivado em 12 de julho de 2021. Recuperado em julho
12, 2021.
[149]. Delacey, Lynda (29 de outubro de 2015).
"Sistema de armazenamento de energia solar plug-and-play da Enphase para iniciar o programa".

www.gizmag.com. Arquivado em 22 de dezembro de 2015. Recuperado em 20 de dezembro de 2015.

[150]. "O seu aquecedor de água pode tornar-se numa bateria doméstica de alta potência".
popsci.com. 7 de abril de 2016. Arquivado em 5 de maio de 2017. Recuperado em maio
16, 2017.

[151]. Wright, Matthew; Hearps, Patrick; et al.
Energia australiana: Zero Carbon Australia Stationary Energy Plan.
Arquivado 24 de novembro de 2015, no Máquina Wayback, Pesquisa de energia
Instituto, Universidade de Melbourne, outubro de 2010, p. 33. Recuperado de
Sítio Web BeyondZeroEmissions.org.

[152]. Aschenbrenner, Norbert.
Instalação de teste para produção automatizada de baterias Arquivado 8 de maio de 2014, em
o Máquina Way-back, site Physics.org, 6 de maio de 2014. Recuperado em maio
8, 2014.

[153]. Arquivado 12 de maio de 2014, no Máquina Wayback, Zentrum für
Sítio Web da Sonnenenergie- und Wasserstoff-Forschung Baden-Württemberg,
2011.

[154]. Conteúdo, Thomas. Johnson Controls e UW abrem laboratório de ensaios em Madison.
Archived May 8, 2014, at the Way-back Machine, Milwaukee,
Wisconsin: Milwaukee Journal Sentinel, 5 de maio de 2014.

[155]. Loudon, Bennett
J. NY-BEST abre centro de armazenamento de energia de US $ 23 milhões. Arquivado em 28 de julho de 2020,
no Máquina Way-back, Rochester, Nova Iorque: Democrat and Chronicle,
30 de abril de 2014.

[156]. "Os senadores querem mais de mil milhões de dólares para promover respostas de armazenamento de energia".
pv magazine USA. Arquivado em 28 de setembro de 2017. Recuperado em 28 de setembro de 2017.

[157]. O pólo SUPERGEN define a direção do armazenamento de energia no Reino Unido.
Arquivado 9 de maio de 2014, no Máquina Way-back, site HVNPlus.co.uk,

6 de maio de 2014. Recuperado em 8 de maio de 2014.
[158]. Novo centro SUPERGEN definirá o rumo do Reino Unido em matéria de armazenamento de energia Arquivado em 8 de maio,
2014, no Máquina Way-back, sítio Web ECNMag.com, 2 de maio de 2014.

Capítulo (3)
O futuro do armazenamento de energia

3.1. Prefácio

O estudo Future of Energy Storage explorou o papel que o armazenamento de energia pode desempenhar no combate às alterações climáticas e na adoção global de redes de energia limpa. A substituição da produção de energia baseada em combustíveis fósseis pela produção de energia a partir de recursos eólicos e solares é uma estratégia fundamental para descarbonizar a eletricidade. O armazenamento permite que os sistemas eléctricos permaneçam equilibrados apesar das variações na disponibilidade eólica e solar, permitindo uma descarbonização profunda e rentável, mantendo a fiabilidade.

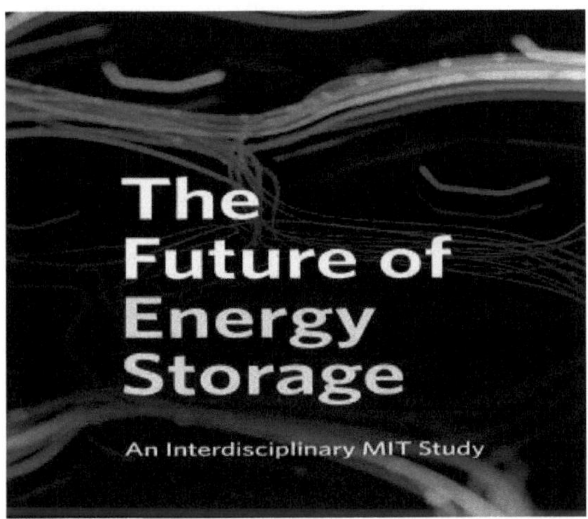

O relatório O Futuro do Armazenamento de Energia é uma análise essencial deste componente fundamental para a descarbonização da nossa infraestrutura energética e para o combate às alterações climáticas. O relatório inclui seis conclusões fundamentais:

3.2. Descarbonização profunda dos sistemas de eletricidade

O armazenamento de energia é um potencial substituto ou complemento de quase todos os aspectos de um sistema elétrico, incluindo a produção, a transmissão e a flexibilidade da procura. O armazenamento deve ser co-otimizado com a produção limpa, os sistemas de transmissão e as estratégias para recompensar os consumidores por tornarem a sua utilização da eletricidade mais flexível.

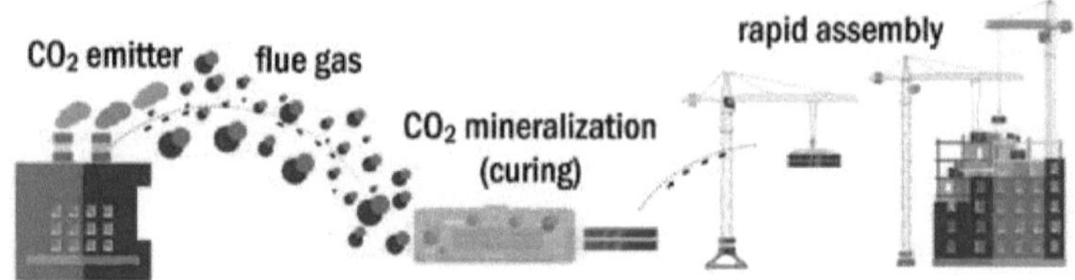

3.2.1. Reconhecer os compromissos entre emissões "zero" e "líquidas zero

Os objectivos que visam emissões nulas são mais complexos e dispendiosos do que os objectivos de emissões líquidas nulas, que utilizam tecnologias de emissões negativas para atingir uma redução de 100%. A prossecução de um objetivo de emissões zero, e não de emissões líquidas zero, para o sistema de eletricidade pode resultar em custos de eletricidade elevados que dificultam a obtenção de emissões líquidas zero em toda a economia até 2050.

Países com economias em desenvolvimento: são um mercado importante para o armazenamento de sistemas de eletricidade. Nestes países, o armazenamento pode reduzir o custo da eletricidade para as economias dos países em desenvolvimento, proporcionando simultaneamente benefícios ambientais locais e globais. A redução dos custos de armazenamento aumenta a poupança de custos da eletricidade e os benefícios ambientais.

Investir em recursos analíticos e no pessoal das agências reguladoras: A necessidade de co-otimizar o armazenamento com outros elementos do sistema elétrico, associada aos impactos incertos das alterações climáticas na procura e na oferta, exige avanços nas ferramentas analíticas para planear, operar e regular de forma fiável e eficiente os sistemas de energia do futuro. Entre as áreas importantes contam-se a estabilidade e o despacho do sistema, a adequação dos recursos e a conceção das tarifas de retalho. Também se justifica um maior investimento no pessoal das agências reguladoras que irá enfrentar novos desafios.

O armazenamento de longa duração necessita de apoio federal: As baterias de iões de lítio estão a ser amplamente utilizadas em veículos, eletrónica de consumo e, mais recentemente, em sistemas de armazenamento de eletricidade. Essas baterias têm, e provavelmente continuarão a ter, custos relativamente altos por kWh de eletricidade armazenada, tornando-as inadequadas para o armazenamento de longa duração que pode ser necessário para apoiar redes descarbonizadas confiáveis. O governo federal dos EUA deve priorizar o apoio às tecnologias de armazenamento de longa duração, mesmo que elas só sejam desenvolvidas e implantadas depois de 2030.

Recompensar os consumidores por uma utilização mais flexível da eletricidade: A intermitência da produção eólica e solar e o objetivo de descarbonizar outros sectores através da eletrificação aumentam os benefícios da adoção de opções de preços e de gestão da carga que recompensem todos os consumidores por desviarem a utilização da eletricidade com alguma flexibilidade dos períodos em que o equilíbrio entre a oferta e a procura é apertado para períodos de abundância. As tecnologias de contadores avançados e de comunicações por detrás do contador permitem que os reguladores estatais apliquem essas estratégias aos consumidores residenciais e aos pequenos consumidores comerciais.

3.3. Baterias de Zn-MnO2

As baterias de Zn-MnO2 prometem um armazenamento de energia seguro e fiável, e este roteiro delineia uma combinação de estratégias de fabrico e inovações técnicas que poderão tornar este objetivo exequível. Abordagens como a melhoria da eficiência do fabrico e o aumento da utilização de materiais activos serão importantes para obter custos tão baixos como $100/kWh, mas as inovações em materiais-chave que facilitam a utilização total da capacidade de 2 electrões do MnO2, a utilização de eléctrodos 3D de elevada densidade energética e a promessa de uma bateria sem separadores com um potencial superior a 2V oferecem um caminho para baterias a $50/kWh ou menos.

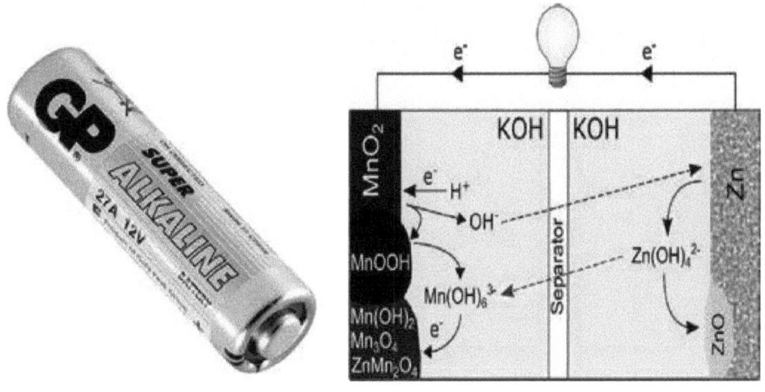

O armazenamento de energia em larga escala irá certamente desempenhar um papel significativo na evolução da rede eléctrica emergente. O armazenamento baseado em baterias, embora não seja uma forma dominante de armazenamento atualmente, tem a oportunidade de expandir a sua utilidade através de tecnologias seguras, fiáveis e económicas. Aqui, as baterias secundárias de Zn-MnO2 são destacadas como uma extensão promissora das omnipresentes baterias alcalinas primárias, oferecendo uma química segura e amiga do ambiente numa tecnologia escalável e prática de densidade energética. É importante salientar que existe uma via muito realista para tornar essas pilhas rentáveis a preços de 50 dólares/kWh ou inferiores. Ao examinar exemplos de fabrico no fabricante de baterias de Zn-MnO2, a Urban Electric Power, foi criado um roteiro para realizar esses sistemas de baixo custo. Ao concentrar-se na otimização do fabrico através da redução dos resíduos de materiais, do fabrico em escala e da seleção eficaz de materiais, os custos podem ser significativamente reduzidos. No entanto, em última análise, é provável que seja necessário associar estas abordagens aos avanços emergentes na investigação e desenvolvimento para permitir a utilização de materiais activos de capacidade total e tensões de bateria superiores a 2V para reduzir os custos para menos de 50 dólares/kWh. Atingir este objetivo comercialmente importante, especialmente com uma química que é segura, bem conhecida e fiável, significa injetar as baterias de Zn-MnO2 no cenário do armazenamento num momento crítico do desenvolvimento e implementação do armazenamento de energia.

3.4. Ligas de lítio em todas as baterias de lítio de estado sólido

Progressos recentes nas baterias de iões de sódio: Materiais Avançados, Mecanismos de Reação e Aplicações Energéticas

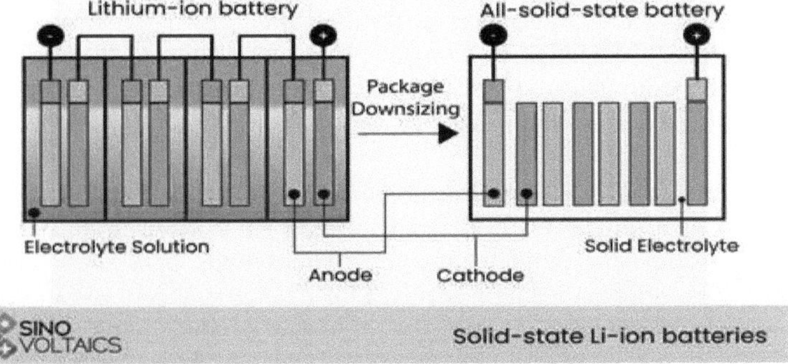

Avanços recentes nas tecnologias de captura, armazenamento e utilização de carbono: uma análise
Artigo Acesso aberto22 de novembro de 2020

3.4.1. Discussão

- Que oportunidades podem existir para aproveitar as extensas cadeias de fabrico ou fornecimento de baterias primárias de Zn-MnO2 existentes para acelerar a implantação em grande escala de baterias secundárias de Zn-MnO2?
- Embora o baixo custo torne as baterias de Zn-MnO2 competitivas no mercado, de que forma é que a ausência de solventes inflamáveis nas baterias de Zn-MnO2 afecta ou permite a aceitação ou implantação de baterias em aplicações próximas de uma elevada densidade populacional, onde os códigos de incêndio e as políticas de segurança podem ser limitadores para outras tecnologias?

3.4.2. Introdução

O armazenamento de energia em grande escala com base em baterias é um fator essencial na modernização da rede para a integração de recursos intermitentes de energia renovável, como a energia eólica e solar fotovoltaica, para uma descarbonização eficiente da rede, para melhorar a resiliência da infraestrutura da rede e para fornecer aos operadores da rede um recurso flexível que pode oferecer múltiplos serviços de rede nos mercados da eletricidade e da energia. À escala residencial, comercial e da rede, os sistemas de armazenamento de energia em baterias eficientes e de baixo custo podem reduzir a necessidade de produção de eletricidade dispendiosa à base de carbono e adiar actualizações dispendiosas das infra-estruturas de transporte e distribuição. O armazenamento pode revolucionar a dinâmica do mercado grossista e retalhista da eletricidade através da arbitragem, da mudança de horário, da redução dos encargos da procura e de outros mecanismos [1, 2].

A instalação de sistemas de armazenamento de energia em baterias (BESS) para utilização residencial e comercial e à escala da rede tem vindo a aumentar rapidamente nos últimos anos para uma série de aplicações, principalmente nos mercados da eletricidade e nos mercados com preços elevados da energia [3-5]. No entanto, a quantidade de capacidade de armazenamento de energia instalada é ainda minúscula. Os Estados Unidos têm uma rede com quase 1 TW de capacidade de carga de base, mas a quantidade total de armazenamento de energia em baterias na rede limita-se a cerca de 0,1% dessa capacidade de carga! A grande maioria da capacidade de armazenamento nos EUA provém do armazenamento hidroelétrico por bombagem, mas, no total, o armazenamento existente representa apenas cerca de 15 minutos de energia de passagem. É evidente que há necessidade de mais armazenamento, incluindo o armazenamento em baterias.

Embora a solução definitiva para o armazenamento de energia à escala da rede inclua, sem dúvida, uma série de tecnologias complementares, a quantidade limitada de armazenamento atualmente implementado revela uma enorme oportunidade para o crescimento do armazenamento de energia eletroquímico (bateria) sub-representado, se forem resolvidas questões fundamentais relacionadas com a segurança da bateria, o desempenho a longo prazo e a produção rentável. Aqui descrevemos uma visão para uma tecnologia emergente de baterias de Zn-MnO2 com o potencial de mudar a face do armazenamento de energia em grande escala como uma tecnologia segura, fiável e de baixo custo. O reconhecimento do valor das baterias motivou a utilização de outras químicas de baterias, como as de iões de lítio, chumbo-ácido, sódio metálico e de fluxo, mas estas tecnologias continuam a enfrentar obstáculos à sua utilização generalizada. A fiabilidade a longo prazo continua a ser um problema para alguns sistemas e os custos excedem geralmente os 200 dólares/kWh entregues, o que os torna demasiado caros para uma adoção generalizada, quer à escala residencial quer à escala da rede [6]. A segurança contra incêndios é também uma preocupação para algumas tecnologias [7, 8], tal como as questões da cadeia de abastecimento [9] e os impactos sociais e ambientais [10].

As pilhas de óxido de zinco-manganês (Zn-MnO2) têm potencial para ultrapassar estes obstáculos [11]. Os constituintes básicos destas pilhas já são omnipresentes sob a forma de pilhas alcalinas descartáveis comummente utilizadas. Tanto o zinco como o manganês são geologicamente abundantes, as cadeias de abastecimento e os processos de fabrico estão bem estabelecidos, as temperaturas de funcionamento do sistema Zn-MnO2 são baixas e o perigo de incêndio é essencialmente inexistente. Além disso, nem o zinco nem o manganês, como produtos residuais, apresentam problemas ambientais significativos [10-14].

A bateria tradicional de Zn-MnO2, no entanto, é uma bateria primária, que não é recarregável. O armazenamento de energia à escala da rede requer uma bateria secundária, recarregável de forma fiável milhares de vezes. Nos últimos 10 anos, esforços significativos de investigação e desenvolvimento produziram baterias secundárias funcionais de Zn-MnO2 utilizando ânodos de Zn e produtos químicos de cátodo de MnO2 cuidadosamente concebidos [13-18]. Estas baterias avançaram para as fases iniciais de desenvolvimento e implementação comercial, mas continuam a existir desafios para aumentar o valor do sistema através da melhoria da capacidade de energia, do aumento do tempo de vida funcional e, de forma crítica, do aumento da utilização de material ativo, mantendo a recarregabilidade.

3.4.3. Visão geral da química da bateria Zn-MnO2

As pilhas alcalinas de Zn-MnO2 são normalmente constituídas por um ânodo de Zn e um cátodo de MnO2,
separados por uma membrana de polímero poroso (separador) e um eletrólito alcalino aquoso constituído por hidróxido de potássio em água. Em termos mais simples, quando a bateria carregada se descarrega, o ânodo de Zn é oxidado, levando à formação de espécies iónicas solúveis de zinco, como o Zn(OH)42-. Entretanto, o manganês no MnO2 é reduzido para formar espécies MnOOH ou Mn(OH)2, dependendo se o Mn4+ é reduzido a Mn3+ ou Mn2+, respetivamente. Nas células primárias convencionais, a formação de compostos de espinélio isolantes e electroquimicamente inactivos no cátodo ocorre durante o processo do segundo eletrão, limitando a capacidade do cátodo essencialmente ao primeiro eletrão do MnO2 (308 mAh/g). Estes compostos de espinélio são a hausmannite (Mn3O4) e a hetaerolite (ZnMn2O4), a última das quais se forma na presença de zincato [Zn(OH)4]2-, que é o produto solúvel da descarga do ânodo de Zn em eletrólito alcalino e pode passar através do separador para o cátodo [11, 19]. Os iões de hidróxido no eletrólito passam através do separador para equilibrar a carga no sistema durante estas

reacções. A compreensão e a engenharia dos produtos químicos específicos subjacentes a estas reacções estão entre as chaves para tornar esta química da bateria recarregável. Numa análise recente, Lim et al. apresentaram uma discussão mais pormenorizada sobre a química das baterias de Zn-MnO2 e um resumo comparativo das propriedades e métricas de desempenho dos esforços de investigação e desenvolvimento em torno dos eléctrodos de Zn e MnO2 publicados na literatura. Como ponto de esclarecimento, as pilhas aqui discutidas são pilhas alcalinas, distintas das pilhas de iões Zn [20].

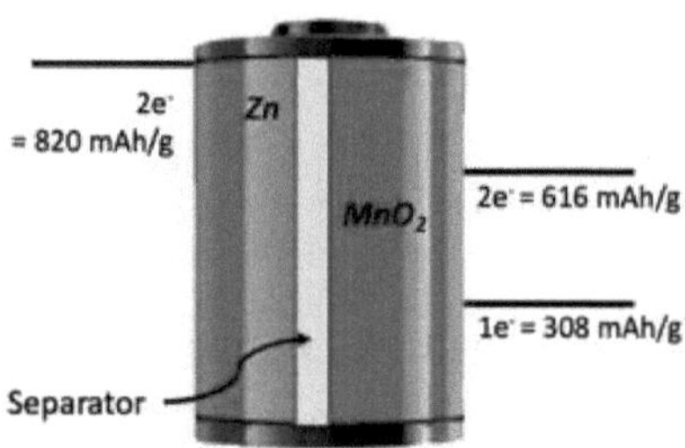

Representação esquemática de uma bateria Zn-MnO2 mostrando as densidades energéticas teóricas do ânodo de Zn (820 mAh/g) e do cátodo de MnO2 para acesso de um eletrão (308 mAh/g) e de dois electrões (616 mAh/g).
Imagem em tamanho real

A densidade energética teórica do ânodo de Zn (820 mAh/g) é superior à do MnO2 no cátodo, o que significa que a capacidade de armazenamento de energia da célula é efetivamente limitada pelo cátodo de MnO2. Uma vez que o custo funcional de uma bateria é normalmente descrito em termos de dólares por kWh de energia armazenável, a densidade de energia (o produto da capacidade e da tensão, normalizado por massa ou volume) destes sistemas é importante, o que torna a capacidade do MnO2 importante. Quando o manganês no cátodo de MnO2 é reduzido de Mn4+ para Mn3+ e apenas um eletrão - ou o "primeiro" eletrão - é utilizado, a capacidade teórica deste sistema é de 308 mAh/g de MnO2. Em contrapartida, se o Mn4+ puder ser reduzido a Mn2+, acedendo ao "segundo" eletrão, então a capacidade aumenta para uns tentadores 616 mAh/g. Neste ponto, iremos delinear os desafios que se colocam à utilização rentável das químicas do primeiro e do segundo electrões.

3.4.4. Estado atual da arte

O atual estado da arte no desenvolvimento de uma célula recarregável de Zn-MnO2 utiliza a capacidade do primeiro eletrão (1e-, densidade de energia teórica de 308 mAh/g) do MnO2. Esta química utiliza uma química de inserção de protões relativamente bem comportada que se revelou altamente reversível - uma das principais inovações para esta tecnologia recarregável. Esta abordagem funciona, desde que a bateria aceda apenas a cerca de 20% da capacidade de 1e- MnO2 (referida como 20% de profundidade de descarga) e apenas a cerca de 9% da capacidade total de Zn [15, 21]. No entanto, estas ineficiências resultam num aumento de peso, volume e custo dos materiais dos eléctrodos electroquimicamente inactivos, sem qualquer contribuição para a capacidade útil de armazenamento.

No sistema UEP, a atual lista de materiais (BOM) utilizando o fabrico à escala piloto é de aproximadamente 300 dólares/kWh para uma bateria de 300 Ah, 1,3 V, 390 Wh. Esta bateria pode atingir 300 ciclos com 20% de utilização da capacidade do primeiro eletrão. Este sistema já é competitivo em relação às células de chumbo-ácido para determinadas aplicações [22]; no entanto, são necessárias reduções nos custos de fabrico para que a bateria seja competitiva em mercados mais vastos.

3.4.4.1. Roteiro para $50/kWh

Para serem comercialmente competitivas com as tecnologias existentes, os custos de fabrico das células têm de ser reduzidos de 300 dólares/kWh para, no máximo, 100 dólares/kWh. Neste documento, defendemos que as células recarregáveis de Zn-MnO2 podem ser produzidas num futuro próximo a 50 dólares/kWh. A um nível elevado, este objetivo pode ser alcançado através de uma combinação de custos de produção reduzidos e de uma maior capacidade das células (densidade energética). O roteiro de desenvolvimento de produtos descrito no presente documento oferece uma via prospetiva para melhorar a relação custo-eficácia do fabrico de células, reduzindo os custos e aumentando a capacidade através de uma série de melhorias nas especificações dos materiais, nos processos de fabrico e nas interacções electroquímicas dos materiais. É provável que essas mudanças sejam incrementais e cooperativas; não é provável que uma única mudança na tecnologia ou no fabrico faça baixar imediatamente o custo das pilhas.

O processo de fabrico contínuo da UEP (Figura) utiliza o revestimento em pasta dos ânodos e cátodos, que são cortados no comprimento e largura especificados para o formato pretendido. As abas são soldadas nos eléctrodos secos, que são depois enrolados em forma de rolo de gelatina antes de serem montados no recipiente da célula. Sendo uma tecnologia emergente, as células actuais estão a ser produzidas à escala piloto, o que contém inerentemente ineficiências que geram resíduos e aumentam os custos. As estimativas de 2019 indicam taxas de desperdício de material até 20% utilizando o atual equipamento e processos de fabrico à escala-piloto.

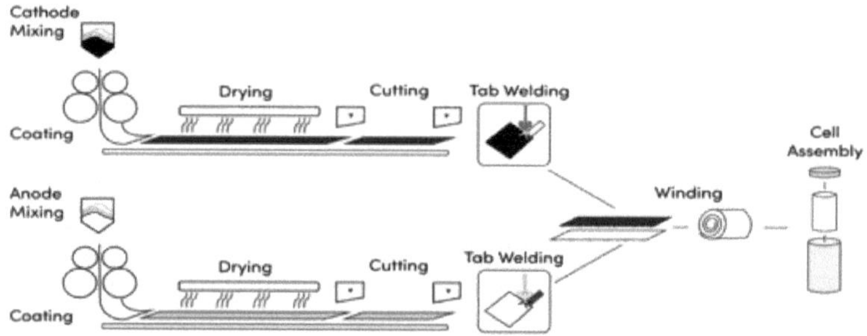

Esquema do processo de fabrico de baterias da UEP desenvolvido nas suas instalações-piloto de fabrico em Nova Iorque.

Devido à natureza inovadora do fabrico de células secundárias (recarregáveis) de Zn-MnO2, não está atualmente disponível equipamento de fabrico totalmente automatizado. As instalações-piloto existentes utilizam equipamento concebido para outros produtos químicos de baterias e dependem fortemente do trabalho manual. Além disso, a produção das instalações-piloto está limitada a 500 células por dia, o que representa apenas uma pequena fração da atual produção de baterias de chumbo-ácido ou de iões de lítio. Este modelo de produção em pequena escala não optimiza totalmente a utilização da mão de obra ou da infraestrutura de capital. Utilizando uma análise do processo Lean Six Sigma, foram identificadas melhorias básicas para o processo de produção piloto, incluindo um corte e corte de eléctrodos mais precisos, reciclagem de pasta e reposicionamento do equipamento. Espera-se que estas melhorias reduzam as taxas de desperdício de material à escala piloto de 20% para cerca de 5%.

O processo de revestimento do elétrodo é vital para determinar a densidade de energia funcional de uma bateria, que está diretamente relacionada com o custo da bateria. Tanto o ânodo de Zn como o cátodo de MnO2 são revestidos como lamas em colectores de corrente de cobre e níquel, respetivamente. Estes materiais activos, juntamente com os aditivos de mistura que ajudam a facilitar o processo de revestimento, representam cerca de 30% do custo da lista de materiais (BOM), o que torna necessária uma maior eficiência no processo de revestimento para obter custos de produção competitivos. A capacidade da célula é ditada, em parte, pela quantidade de material ativo acessível presente no coletor de corrente. Uma maior disponibilidade de Zn e MnO2, em equilíbrio entre si, cria uma maior capacidade celular. A uni-formidade do revestimento, a dispersão do material ativo e a densidade final da área (possivelmente melhorada através de compactação ou calandragem subsequentes) do material ativo revestido têm impacto no desempenho do elétrodo.

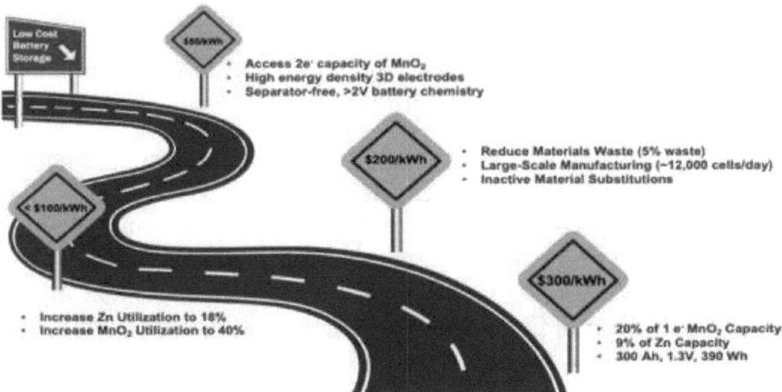

**Uma via para os 50 dólares/kWh obtida através da redução dos custos, de melhorias na eficiência do fabrico, do fabrico à escala e de avanços
em química dos materiais.**

Por fim, o aumento da escala da linha de produção optimizada reduzirá drasticamente o custo por unidade de energia, utilizando de forma mais eficaz os custos de mão de obra e de capital. Por exemplo, espera-se que o aumento da produção para 12.000 células/dia permita a compra de material em volume e proporcione a economia de escala que poderá reduzir a lista técnica global até 30%.

Para atingir com êxito o objetivo de 50 dólares/kWh, é necessário integrar materiais de baixo custo que mantenham ou melhorem o desempenho das células. Um dos principais objectivos deste esforço é substituir os materiais não activos de baixo custo, especificamente os colectores de corrente e os separadores, que são ambos itens dispendiosos na lista técnica. Os colectores de corrente representam geralmente uma parte significativa dos custos de material associados à construção de células de bateria, uma vez que têm de cumprir elevados padrões de condutividade, resistência, flexibilidade e capacidade de revestimento de material ativo. Por exemplo, a UEP utiliza colectores de corrente catódicos de níquel (Ni) e anódicos de cobre (Cu) na célula de Zn-MnO2. Embora eficazes, tanto os colectores de corrente de Ni como de Cu, que estão numa forma de malha expandida, são materiais de elevado custo que representam aproximadamente 28% da lista de materiais da célula cilíndrica. Os progressos recentes demonstraram que a substituição dos dispendiosos colectores de corrente por materiais como o aço laminado a frio proporciona um excelente desempenho a um custo muito inferior.

Os separadores também podem ser artigos de elevado custo, uma vez que têm de permitir a transferência iónica e, ao mesmo tempo, proporcionar uma barreira física forte e flexível entre os eléctrodos. A UEP utiliza celulose regenerada (ou seja, celofane) na célula recarregável de Zn-MnO2. O celofane é um material relativamente caro e ainda é bastante suscetível a falhas nas células. A taxa de falha precoce das células que utilizam apenas separadores de celofane pode atingir 20-30%, sendo mais de dois terços destas falhas atribuíveis a curtos-circuitos entre o ânodo e o cátodo. A identificação de alternativas eficazes aos colectores de corrente e aos separadores que possam reduzir os custos, mantendo ou mesmo melhorando o desempenho, constitui um importante objetivo de investigação e estima-se que possa reduzir a lista técnica global em 20%.

Reduzindo os resíduos, fazendo substituições de materiais inactivos e produzindo células em maior escala, é razoável esperar que o custo da bateria possa ser reduzido para menos de 200 dólares/kWh. No entanto, para fazer as alterações necessárias para que o custo se aproxime dos 50 dólares/kWh, que podem mudar o jogo, a capacidade acessível do material ativo tem de ser aumentada. Como já foi referido, a atual célula recarregável de Zn-MnO2 acede a cerca de 20% da capacidade do primeiro eletrão (1e-) do MnO2 e apenas a cerca de 9% da capacidade total de Zn. Se a utilização de Zn fosse duplicada para 18% e a utilização de MnO2 fosse duplicada para 40%, a capacidade da célula duplicaria, fazendo baixar o custo do armazenamento para menos de 100 dólares/kWh. São possíveis valores ainda mais baixos com reduções significativas nos custos actuais dos colectores e dos materiais inactivos acima referidos. Até à data, porém, o aumento da utilização dos materiais actuais reduz o ciclo de vida. Por exemplo, a utilização de 40% do MnO2 reduz atualmente o ciclo de vida de centenas para dezenas de ciclos. São necessárias soluções de materiais alternativos para melhorar esta importante métrica.

A equipa de I&D da UEP descobriu que o carregamento do ânodo de Zn é o passo mais crítico para garantir uma utilização repetida de alta capacidade. Num artigo recentemente publicado [23], a equipa desenvolveu um método de encaixe das partículas de Zn numa estrutura de carbono condutor que permite uma aplicação eficiente na carga e a dissolução na descarga. Os ânodos recentemente desenvolvidos são capazes de efetuar ciclos de 810 mAh/g, muito próximos da capacidade teórica de Zn de 820 mAh/g. É importante notar que este desenvolvimento pode ser implementado utilizando o equipamento de produção existente.

Para além do ânodo de Zn, é necessário que o cátodo de MnO_2 tenha uma maior capacidade, e a via mais direta para atingir este objetivo é o acesso ao "segundo eletrão" do manganês. Demonstrações recentes mostraram que o MnO_2
Os eléctrodos têm um ciclo próximo da capacidade teórica de segundo eletrão com a adição estratégica de óxido de bismuto e cobre [13, 18]. O óxido de bismuto actua como um aditivo complexante na composição do cátodo, que, através dos seus iões dissolvidos no eletrólito, pode impedir que os iões de manganês dissolvidos reajam para formar fases espinélio inactivas. A adição de cobre ao cátodo reduz a resistência à transferência de carga entre as partículas de MnO_2 e o eletrólito, que está normalmente associada aos eléctrodos de óxido metálico devido às suas fracas propriedades electrónicas. Os cátodos desenvolvidos pela UEP são capazes de manter 80-100% da capacidade teórica durante 3000 ciclos. A implementação destes promissores eléctrodos em conjuntos de baterias escaláveis oferece uma via para a elevada capacidade necessária para a implementação de armazenamento de baixo custo.

Outra abordagem promissora para melhorar a eficiência da utilização de materiais activos e a capacidade global em ambos os eléctrodos é a aplicação de estruturas de eléctrodos tridimensionais (3D). Estruturas 3D cuidadosamente concebidas permitem um transporte iónico e uma transferência de carga eficientes. Os protótipos de eléctrodos 3D de Zn mostraram um desempenho de descarga e carga próximo da capacidade teórica, e não foram observados detritos deletérios nesta nova conceção devido à rede de poros única criada durante o fabrico destes ânodos 3D [23, 24]. Para os eléctrodos 3D de MnO_2, os cátodos 3D podem ser incorporados com cargas ultraelevadas de MnO_2 optimizado para aumentar a densidade de energia catódica. Estão a ser desenvolvidos numerosos métodos de impressão 3D que podem proporcionar vias para a produção rentável dos materiais desejados de elevada densidade energética.

Uma direção futura que é tremendamente promissora para a produção de baterias de baixo custo é o aumento da voltagem da bateria. A densidade de energia da bateria está diretamente ligada a esta voltagem, o que significa que se estratégias rentáveis pudessem aumentar a voltagem da bateria de 1,3 para mais de 2 V, o custo efetivo da energia da bateria poderia ser drasticamente reduzido.

Ao longo do caminho para o armazenamento de baixo custo, a redução do desperdício de materiais, o fabrico em grande escala e os materiais inactivos, é provável que as substituições reduzam os custos de fabrico dos valores actuais próximos de 300 dólares/kWh para cerca de 200 dólares/kWh. A duplicação da capacidade utilizável do ânodo de Zn e do cátodo de MnO_2 com o fabrico atual poderá reduzir esse valor para perto de 100 dólares/kWh. No entanto, a chave para atingir ou ultrapassar o objetivo de armazenamento de 50 dólares/kWh envolve alterações para aceder à capacidade total de 2 electrões do MnO_2, a utilização de eléctrodos 3D de alta densidade energética e a promessa de uma bateria sem separador com um potencial superior a 2 V. Com base na investigação em curso, estes são objectivos acessíveis que podem ser alcançados dentro de alguns anos e que podem ser integrados nas linhas de fabrico existentes, tornando a implementação em grande escala uma possibilidade tentadora. Poucas tecnologias podem oferecer o potencial de fabrico em grande escala de baterias que podem oferecer armazenamento a custos tão baixos como \$50/kWh. As baterias de Zn-MnO_2 têm o potencial de concretizar este objetivo num pacote seguro, amigo do ambiente e fiável que poderá revolucionar o armazenamento de energia em grande escala numa altura em que é mais necessário.

3.5. Greatvtopic Tecnologia de baterias

Um ótimo tópico com todos os Mega watts de energia de bateria que estão agora a ser adicionados por quase todos os fornecedores de energia e casas e empresas. Pergunto-me se encontrou uma marca de bateria melhor do que todas as outras. Vejo e leio grandes coisas da Tesla, mas não tanto de outras. Parece que são os líderes e já têm as melhores práticas.

Há definitivamente um grande crescimento no sector e um aumento das taxas de instalação. Do ponto de vista da segurança contra incêndios, varia realmente e alguns fornecedores podem ter um historial mais forte do que outros, mas para garantir a segurança, é um desafio projeto a projeto. Mesmo uma empresa que se tenha saído muito bem, pode registar falhas. À medida que continuamos a desenvolver o conhecimento sobre segurança e a implementar códigos e normas cada vez melhores, continua a ser fundamental efetuar uma análise minuciosa dos perigos e dos riscos em todas as instalações e projectos.

- Esta área deveria estar sujeita a uma norma da Associação Nacional de Proteção contra Incêndios (NFPA). A EPRI está a trabalhar com a NFPA numa norma? Já existe alguma? Existe alguma para veículos eléctricos, incluindo garagens/espaços fechados que albergam veículos eléctricos?

- O que quero dizer é que, tendo em conta o número de incêndios com baterias, é necessário prestar mais atenção à redução dos riscos. Normalmente, isso acontece através de normas reconhecidas do sector, como a NFPA.

- As centrais eléctricas utilizam habitualmente as normas NFPA para sistemas e características de deteção, mitigação e supressão de incêndios.

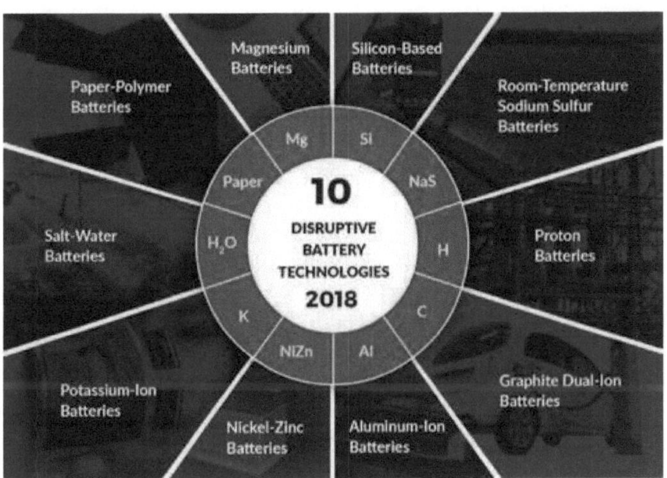

3.6. Tecnologia de bateria de iões de lítio
3.6.1. Prefácio

Os avanços na tecnologia de iões de lítio estão a impulsionar a adoção generalizada de baterias, com amplas aplicações para uso doméstico, comercial e industrial. Ao longo dos anos, o custo do armazenamento de baterias de iões de lítio continua a diminuir, ao mesmo tempo que aumenta o interesse na utilização de energias renováveis. Este ambiente torna a aplicação e a utilização do armazenamento de energia em baterias cada vez mais importante para as empresas de energia eléctrica. Para permitir este crescimento, o EPRI investiga a saúde, a segurança e as utilizações ambientais das baterias, com o objetivo de fornecer as melhores práticas e as principais conclusões aos proprietários, operadores e programadores de armazenamento de energia.

Sendo uma tecnologia em evolução, é fundamental que os códigos, normas e processos se mantenham actualizados para garantir a segurança, integridade e viabilidade do produto a longo prazo. Reconhecendo os riscos potenciais quando as medidas de segurança são prejudicadas, há dois anos o EPRI iniciou um novo projeto centrado especificamente na análise das ameaças de incêndio em baterias, consequências e opções de atenuação.

A EPRI conduziu este estudo com o entendimento de que a obtenção de dados objectivos sobre o comportamento do fogo no armazenamento de baterias e abordagens de mitigação requer frequentemente testes intensivos em recursos - e potencialmente a destruição - de equipamento dispendioso. Para maximizar o valor desta investigação e ajudar a evitar a duplicação de estudos, o EPRI tornou a investigação aberta ao público. Os investigadores esperam que isto ajude a reforçar novos projectos e procedimentos e a satisfazer as necessidades de armazenamento de energia de forma segura e fiável.

A primeira fase deste projeto colaborativo, Battery Energy Storage Fire Pre-vention and Mitigation, estudou mais de [30] incidentes de falha desde 2018 e realizou oito análises completas de mitigação de riscos no local. A investigação incluiu visitas ao local, análise de informações publicamente disponíveis e relatórios oficiais, e participação em investigações de incidentes de incêndio. Quatro temas emergiram como causas prováveis e ameaças principais aos sistemas seguros de armazenamento de energia

- Defeito interno da célula. Os problemas de controlo de qualidade do fabrico introduzem distorções não intencionais, detritos ou outros contaminantes no conjunto ou na química da célula que induzem ou, por fadiga, evoluem para um curto-circuito interno.

- Defeito no sistema de gestão da bateria (BMS). Definições de proteção inadequadas ou desempenho não fiável do software ou do hardware resultam em desvios dos limites nominais de funcionamento (como a tensão, a temperatura ou a duração de um determinado estado de carga).

- Isolamento elétrico insuficiente. Defeito à terra, curto-circuito ou qualidade de energia do barramento CC que provoca arcos eléctricos num módulo ou numa cadeia.

- Contaminação ambiental. Exposição a humidade, poeira ou qualquer outra atmosfera corrosiva que rompa o isolamento ou a isolamento elétrico existente.

A investigação mostrou que a melhoria dos processos de conceção e manutenção pode ajudar a reduzir os riscos para a maioria destas causas, e que pequenas alterações na composição química de uma bateria ou na forma como é montado um contentor de um sistema de armazenamento de energia (ESS) podem ter um grande impacto no tipo e magnitude de um incidente de segurança. Leia mais sobre o estudo e as lições aprendidas no livro branco aqui.

Com estas descobertas iniciais em mãos, o EPRI levou a investigação mais longe, concentrando-se na identificação, avaliação e abordagem de questões gerais de segurança contra incêndios no armazenamento de baterias. O EPRI combinou a investigação do nosso estudo inicial com as ideias dos workshops da indústria e os dados dos inquéritos aos locais. Os resultados levaram a 22 tópicos de necessidade da indústria, que o EPRI delineou em seu Roteiro de Segurança contra Incêndio para Armazenamento de Baterias.

O roteiro inclui tópicos que não só melhorarão a segurança, como também aumentarão a fiabilidade do sistema e apoiarão a aceleração desta opção de energia renovável. Os 22 tópicos estão categorizados em quatro grupos:

- tópicos especiais,
- planos de resposta,
- ferramentas de conceção e
- desenvolvimento tecnológico.

Os tópicos foram então avaliados em função do seu impacto relativo na segurança, do esforço necessário para abordar o tópico e do horizonte temporal para os sistemas, o trabalho necessário. Esta avaliação permitiu aos investigadores dar prioridade aos recursos para planeamento imediato, a curto e médio prazo. Dos 22 tópicos, 10 foram identificados como prioridades de investigação para futuros trabalhos do EPRI. Os restantes 12 tópicos, que não estão incluídos no roteiro do EPRI, continuam a ser relevantes para a segurança do armazenamento de energia em baterias e seriam benéficos se fossem desenvolvidos por outras organizações, como fornecedores, OEMs, laboratórios nacionais do Departamento de Energia dos EUA ou outras entidades.

Os tópicos identificados no roteiro como acções imediatas oferecem um impacto elevado com pouco esforço nos sistemas existentes. As acções destinadas a ajudar a proteger pessoas e bens podem ser abordadas com relativamente pouco esforço. O impacto destas alterações beneficiará as futuras instalações e aplicações de todas as partes interessadas.

As acções a curto prazo representam um impacto elevado através de um esforço moderado para sistemas em desenvolvimento. Estes esforços podem ser concluídos com relativa rapidez e abordam questões bem conhecidas, e os resultados melhorarão a segurança de muitos sistemas instalados a curto prazo e, finalmente, os tópicos identificados como acções a médio prazo fornecem orientações para a conceção de sistemas e investigação para sistemas futuros. Este trabalho não só cria valor direto ao fornecer ferramentas à indústria, mas também apresenta a oportunidade de ser utilizado para identificar futuras direcções de investigação sobre segurança.

O Roteiro de Segurança contra Incêndios em Armazenamento de Baterias do EPRI orientará a investigação futura e basear-se-á nestas importantes questões. O instituto irá em breve expandir a sua investigação sobre Prevenção e Mitigação de Incêndios em Armazenamento de Energia de Baterias para uma segunda fase maior e mais abrangente.

Durante esta fase de investigação subsequente, Prevenção e mitigação de incêndios no armazenamento de energia em baterias: Fase II, o EPRI pretende fornecer aos serviços públicos orientações e ferramentas para apoiar a segurança e a disponibilidade de recursos de rede de missão crítica ao adquirir activos e serviços, e operar o armazenamento de energia de forma rentável, tendo em conta a responsabilidade ambiental. Os investigadores produzirão um kit de ferramentas de segurança do ciclo de vida do projeto de armazenamento de energia com orientações sobre

- Testes de conformidade com as normas e funcionamento seguro,
- Determinação do compromisso entre segurança e custos,
- Avaliações de impacto ambiental,

- Materiais de formação educativa e de sensibilização da comunidade e dos socorristas,
- Ferramentas de formação baseadas em realidade aumentada, e
- Eficácia do sensor.

Além disso, o EPRI lançou a Base de Dados de Eventos de Falhas de Segurança de Armazenamento de Energia em Baterias. Este novo recurso fornece um repositório de informações públicas para eventos de falha e incêndio de sistemas de armazenamento de energia em escala de serviços públicos. A base de dados foi concebida para recolher informações de eventos da indústria e está disponível para revisão pública através do formato wiki. A base de dados já está disponível e pode ser reservada aqui.

A investigação inicial sobre a prevenção de incêndios em baterias demonstra que a segurança das baterias afecta todos os aspectos do ecossistema e é um tópico de ação imediata e reforçada. Desde fornecedores de células a fornecedores de módulos e bastidores; fornecedores de supressão a integradores de sistemas; operadores, reguladores e até socorristas, todos têm um papel a desempenhar para garantir a segurança das baterias.

3.7. Acumulador (Energia)
3.7.1. Prefácio

Um acumulador é um dispositivo de armazenamento de energia: um dispositivo que aceita energia, armazena energia e liberta energia conforme necessário. Alguns acumuladores aceitam energia a um ritmo baixo (baixa potência) durante um longo intervalo de tempo e fornecem a energia a um ritmo elevado (alta potência) durante um curto intervalo de tempo. Alguns acumuladores aceitam energia a um ritmo elevado durante um curto intervalo de tempo e fornecem a energia a um ritmo baixo durante um intervalo de tempo mais longo. Alguns acumuladores aceitam e libertam energia a taxas comparáveis. Vários dispositivos podem armazenar energia térmica, energia mecânica e energia eléctrica. A energia é normalmente aceite e fornecida sob a mesma forma. Alguns dispositivos armazenam uma forma de energia diferente da que recebem e fornecem uma conversão de energia na entrada e na saída.

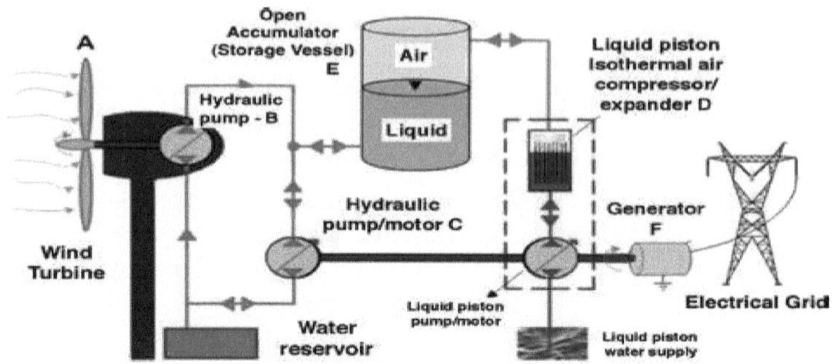

Exemplos de acumuladores incluem acumuladores de vapor, molas principais, acumuladores de energia de volante, acumuladores hidráulicos, baterias recarregáveis, condensadores, indutores, etc.
ou, alternadores de impulsos compensados (compulsores) e centrais hidroeléctricas de acumulação por bombagem. Em geral, no contexto elétrico, a palavra acumulador não é utilizada.
refere-se normalmente a uma bateria de chumbo-ácido.

A Ponte da Torre de Londres é accionada por um acumulador. O mecanismo de elevação original era acionado por água pressurizada armazenada em vários acumuladores hidráulicos [1]. Em 1974, o mecanismo de funcionamento original foi amplamente substituído por um novo sistema de acionamento electro-hidráulico.

3.8. Referências

[1]. B. Chalamala, S.R. Ferreira, R.H. Byrne, D.R. Borneo, I. Gyuk, Linden's
Handbook of Batteries (McGraw-Hill Education, Nova Iorque, 2019), pp.
1155-1196.
[2]. S. Chu, Y. Cui, N. Liu, Nat. Mater. 16, 16 (2017).
https://doi.org/10.1038/nmat4834 Artigo CAS Google Scholar.
[3]. C. Holden, V. Witte e M. Sahd, U.S. Energy Storage Monitor Q3 2021
Resumo executivo, Wood Mackenzie Power & Renewables/U.S. Energy
Storage Association, setembro de 2021.
[4]. L. Munuera, C. Pavarini, Energy Storage (Agência Internacional de Energia
(AIE), Paris, 2020).

[5]. U.S.E.I.A., Battery Storage in the United States: An Update on Market
Trends, Administração da Informação sobre Energia dos EUA, julho de 2020, 2020.

[6]. M.S. Ziegler, J.M. Mueller, G.D. Pereira, J. Song, M. Ferrara, Y.-M.
Chiang, J.E. Trancik, Joule 3, 2134 (2019). https://doi.org/10.1016/j.joule.2019.06.012.

[7]. M. Chediak, "Boom in giant batteries hits another roadblock: Cities' fear of
incêndio", Los Angeles Times (2018),
https://www.latimes.com/business/la-fi-battery-fire-20180518-story.html.
Acedido em 27 de agosto de 2019.

[8]. A. Colthorpe, "Arizona firefighters' injuries keep safety top of storage
agenda", Energy Storage News (2019),
https://www.energy-storage.news/news/arizona-firef-top-of-storage-agenda.
Acedido em 27 de agosto de 2019.

[9]. E.A. Olivetti, G. Ceder, G.G. Gaustad, X. Fu, Joule 1, 229 (2017). https://doi.org/10.1016/j.joule.2017.08.019.

[10]. D. Larcher, J.-M. Tarascon, Nat. Chem. 7, 19 (2015). https://doi.org/10.1038/nchem.2085.

[11]. M.B. Lim, T.N.Lambert, B.R.Chalamala, Mater. Sci. Eng. R. Rep. (2021).
https://doi.org/10.1016/j.mser.2020.100593.

[12]. A. Biswal, B. Chandra Tripathy, K. Sanjay, T. Subbaiah, M. Minakshi,
RSC Adv. 5, 58255 (2015). https://doi.org/10.1039/C5RA05892A.

[13]. G.G. Yadav, J.W. Gallaway, D. Turney, M. Nyce, J. Huang, X. Wei, S.
Banerjee, Nat. Commun. (2017). https://doi.org/10.1038/ncomms14424.

[14]. N. Zhang, F. Cheng, J. Liu, L. Wang, X. Long, X. Liu, F. Li, J. Chen, Nat.
Commun. 8, 1 (2017). https://doi.org/10.1038/s41467-017-00467-x.

[15]. N. Ingale, J.W. Gallaway, M. Nyce, A. Couzis, S. Banerjee, J. Power
Sources 276, 7 (2015). https://doi.org/10.1016/j.jpowsour.2014.11.010.

[16].   H. Pan, Y. Shao, P. Yan, Y. Cheng, K.-S. Han, Z. Nie, C. Wang, J. Yang,
X. Li, P. Bhattacharya, K.T. Mueller, J. Liu, Nat. Energy (2016). https://doi.org/10.1038/nenergy.2016.39.
[17].   D. Turney, J.W. Gallaway, G.G. Yadav, R. Ramirez, M. Nyce, S. Banerjee,
Y.K. Chen-Wiegart, J. Wang, M.J. D'Ambrose, S. Kohlekar, J. Huang, X.
Wei, Chem. Mater. 29, 4819 (2017). https://doi.org/10.1021/acs.chemmater.7b00754.
[18].   G.G. Yadav, X. Wei, J. Huang, J.W. Gallaway, D. Turney, M. Nyce, J.
Secor, S. Banerjee, J. Mater. Chem. A 5, 15845 (2017). https://doi.org/10.1016/j.mtener.2017.10.008.
[19].   I.V. Kolesnichenko, D.J. Arnot, M.B. Lim, G.G. Yadav, M. Nyce, J.
Huang, S. Banerjee, T.N. Lambert, A.C.S. Appl, Mater. Interfaces 12,
50406 (2020). https://doi.org/10.1021/acsami.0c14143.
[20].   J. Ming, J. Guo, C. Xia, W. Wang, H. Alshareef, Mater. Sci. Eng. R.
Rep. 135, 58 (2019). https://doi.org/10.1016/j.mser.2018.10.002.
[21].   J. Huang, G.G. Yadav, J.W. Gallaway, X. Wei, M. Nyce, S. Banerjee,
Electrochem. Commun. 81, 136 (2017). https://doi.org/10.1016/j.elecom.2017.06.020.
[22].   G.G. Yadav, J. Huang, A.M. Augustus, V. De Angelis, S. Banerjee, Chem.
Eng. News 98, 41 (2022).
[23].   G.G. Yadav, J. Cho, D. Turney, B. Hawkins, X. Wei, J. Huang, S. Banerjee, M. Nyce, Adv. Energy Mater. (2019).
https://doi.org/10.1002/aenm.201902270.
[24].   G.G. Yadav, D. Turney, J. Huang, X. Wei, S. Banerjee, ACS Energy
Lett.   4,   2144   (2019). https://doi.org/10.1021/acsenergylett.9b01643.
[25]. "História da ponte". Towerbridge.org.uk. Recuperado em 12 de abril de 2015.

Capítulo (4)
Tecnologias de armazenamento de energia em grande escala

4.1. Prefácio

Uma questão central no futuro com baixas emissões de carbono é o armazenamento de energia em grande escala. Devido à variabilidade da eletricidade renovável (eólica, solar) e à sua falta de sincronia com os picos de procura de eletricidade, é essencial armazenar eletricidade em períodos de excesso de oferta, para utilização em períodos de elevada procura. Este artigo analisa algumas das principais questões relativas ao armazenamento de eletricidade. Em particular, compara o armazenamento de "hidrogénio verde" com as alternativas disponíveis.

4.2. Principais lições a tirar (TLDR)

- Estima-se que o Reino Unido necessitará de 65 GWh de armazenamento intradiário e 16 TWh de armazenamento inter-sazonal no futuro da eletricidade renovável. Ambos terão de ser fornecidos com potências da ordem dos 5-8 GW.
- Se o hidrogénio verde for queimado em caldeiras de condensação para aquecer as casas do Reino Unido, serão necessários até 208 TWh de armazenamento inter-sazonal de hidrogénio. Isto exigiria 2 080 x 500 000 m3 de cavernas de sal a 200 bar, nas profundezas

107

do subsolo do Reino Unido, o que reduziria a necessidade de eletricidade renovável para aquecimento por um fator de 2, para 193 GW. Este valor seria ainda 18 vezes superior à atual capacidade eólica offshore instalada.

- A alternativa ao armazenamento de eletricidade em grande escala durante o dia consiste em ter um excesso de oferta significativo de capacidade de produção de eletricidade a partir de fontes renováveis e reduzir a produção em períodos de baixa procura. Para utilizar esta abordagem, o Reino Unido necessitaria de uma capacidade adicional de produção eólica offshore de 16 GW (1300 turbinas de 12 MW) num dia normal.

- Os únicos candidatos viáveis para o armazenamento de eletricidade à escala da rede são a hidroeletricidade por bombagem (que tem um potencial limitado de desenvolvimento futuro), o ar criogénico (ar líquido), o ar comprimido e o hidrogénio verde. As baterias de qualquer tipo de química não são suficientemente escaláveis para as capacidades de armazenamento necessárias.

- Tanto o armazenamento de Ar Líquido (criogénico) como o de Ar Comprimido utilizam componentes padrão prontos a usar para a conversão de energia. O armazenamento de ar líquido utiliza recipientes de armazenamento de baixa pressão, simples e de baixo custo, enquanto o ar comprimido requer grandes cavernas de sal subterrâneas de alta pressão. Este facto limita os locais em que o armazenamento de ar comprimido pode ser implementado e suscita preocupações de segurança significativas.

- O armazenamento de energia em ar líquido está bem desenvolvido, com um elevado nível de maturidade tecnológica (TRL). Foram construídas instalações-piloto e a primeira instalação comercial à escala da rede está atualmente em construção no Reino Unido. O armazenamento de energia a hidrogénio verde não foi demonstrado a uma escala significativa, encontra-se no nível mais baixo do TRL e está longe de poder ser implementado à escala da rede. O armazenamento de ar comprimido também não foi demonstrado à escala da rede.

- A economia do armazenamento de eletricidade de "arbitragem" é dominada pela eficiência de "ida e volta" do sistema de armazenamento de energia. O armazenamento por bombagem de água, ar líquido e ar comprimido pode ter uma eficiência de ida e volta de até 70%, enquanto o hidrogénio verde tem uma eficiência de ida e volta de cerca de 30-35%. Isto significa que o preço de venda "break-even" da eletricidade armazenada através do hidrogénio verde é cerca de 2,2 vezes superior ao preço de venda "break-even" da eletricidade armazenada através de outras tecnologias disponíveis.

- O armazenamento de eletricidade a hidrogénio verde não será economicamente competitivo com as tecnologias alternativas de armazenamento à escala da rede a qualquer preço grossista de eletricidade. É pouco provável que os fundamentos deste cálculo se alterem significativamente com o tempo. Uma análise mais sofisticada do "Custo Nivelado do Armazenamento" (LCOS) chega à mesma conclusão.

- A única forma de tornar o hidrogénio verde competitivo como processo de armazenamento de eletricidade seria através de subsídios governamentais de cerca de 17p/kWh de eletricidade armazenada.

4.3. Requisitos de energia e potência
4.3.1. Necessidades de armazenamento intra-dia

No sistema de eletricidade nuclear e fóssil do Reino Unido de há 30 anos ou mais, as centrais térmicas nucleares e a carvão em grande escala forneciam uma "carga de base" constante de energia. Os picos de procura eram assegurados por geradores de turbinas a gás de ciclo aberto, que podem atingir a carga máxima em minutos, mais alguma hidroeletricidade e turbinas a vapor alimentadas a petróleo, que também podem ser ligadas rapidamente a partir de um arranque a quente.

Esta situação está a mudar rapidamente. A figura (a) mostra a variação do fornecimento de eletricidade no Reino Unido num dia ameno de outono em outubro de 2020. (Note-se que o fornecimento de eletricidade é exigido se não houver armazenamento). A energia eléctrica foi fornecida por várias fontes. A Figura (b) mostra a chave de cores para a Fig.1a, e também lista as contribuições de energia de cada fonte no pico diário, que ocorreu às 17:40 (a linha vertical tracejada na Figura (a)). Oito centrais nucleares forneceram uma carga de base consistente de aproximadamente 6,1 GW (a faixa cinzenta na parte inferior da Figura (a)). Uma grande parte da eletricidade foi fornecida por turbinas a gás de ciclo combinado (CCGT) - a área laranja da Figura (a). Às 17:40, esta percentagem ascendia a 21,6 GW. A energia eólica, fornecida por 6500 turbinas eólicas (área ciano), foi relativamente constante ao longo do dia, contribuindo com pouco mais de 2 GW às 17:40. A energia solar (área amarela) atingiu o seu pico por volta do meio-dia, quando o sol brilhava, mas era insignificante às 17:40. (O pôr do sol foi às 18:00.) A figura (b) mostra também que o "France Inter-conne-ctor" (um cabo que vai até França) estava a importar 1 GW às 17:40. Uma quantidade semelhante foi importada da Bélgica.

O pico de consumo de energia foi de 39,3 GW às 17:40 do dia 16 de outubro. O mínimo foi de 22,9 GW, por volta da meia-noite. O valor médio em todo o período de 24 horas foi de 33 GW, como mostra a linha horizontal azul tracejada na Fig. 1a. O consumo total de eletricidade durante o dia foi de 790 GWh, que é a área sob a curva (também igual à área sob a linha média). Os picos e as baixas da procura foram geridos principalmente através da variação da quantidade de eletricidade fornecida pela CCGT e pela hidroeletricidade bombeada.

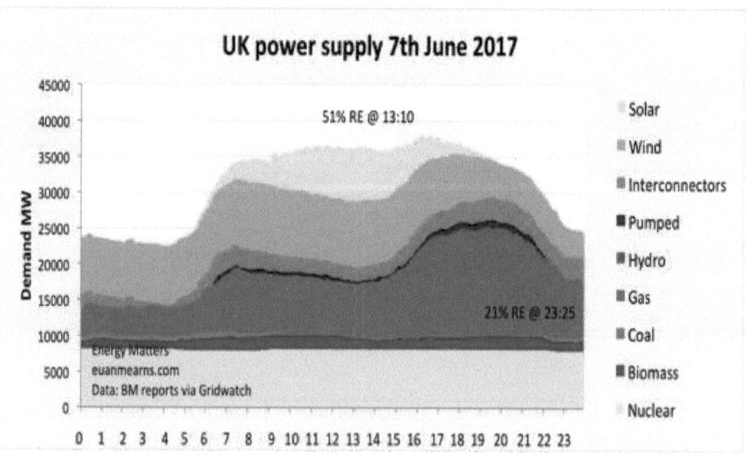

Consumo de eletricidade do Reino Unido, 16 de outubro de 2020, de gridwatch.co.uk. As cores das zonas são definidas na figura (b).

Item	Power (GW)	Description
IC Nem	0.970	Belgium Interconnector
IC Ew	0.0720	East-West Interconnector, Ireland to Wales
IC Ned	0.892	Netherlands Interconnector
IC France	1.00	France Interconnector
Hydro	0.891	Hydroelectric, mainly Scotland and Wales (200 power stations)
Pumped Hydro	1.62	Pumped hydroelectric
Ocgt	0.0980	Open cycle gas turbines (1 power station)
Solar	0.00300	Solar
Wind	2.04	Wind (6500 turbines)
Coal	1.38	Coal fired power stations (9 power stations)
Biomass	1.99	Burning wood, food residue and straw
Ccgt	21.6	Combined Cycle Gas Turbine (39 power stations)
Nuclear	6.13	Nuclear power stations in UK (8 power stations)
Other	0.497	

**Consumo de eletricidade no Reino Unido às 17:40 de 2020-10-16.
As cores referem-se às áreas da figura,
de gridwatch.co.uk.**

No futuro sistema elétrico, alimentado inteiramente por energias renováveis (e nuclear), sem CCGT, será necessário acompanhar a variação da procura utilizando o armazenamento de eletricidade.

4.3.2. Armazenamento intra-dia

Partindo do pressuposto muito grosseiro de que a energia disponível a partir de eletricidade renovável será constante ao longo do dia (o que pode ser razoavelmente verdadeiro para a energia eólica off-shore), a quantidade de armazenamento necessária para atenuar as variações diárias pode ser estimada igualando as áreas sombreadas a vermelho e verde, acima e abaixo da linha azul tracejada "média" na Figura (c). Obtém-se assim uma necessidade de armazenamento "intra-dia" estimada em cerca de 65 GWh. Esse armazenamento teria de ser carregado e descarregado durante cerca de 8 horas, com uma potência de aproximadamente 8 GW. 65GWh é cerca de 8% do consumo total de eletricidade de 790 GWh em 16 de outubro.

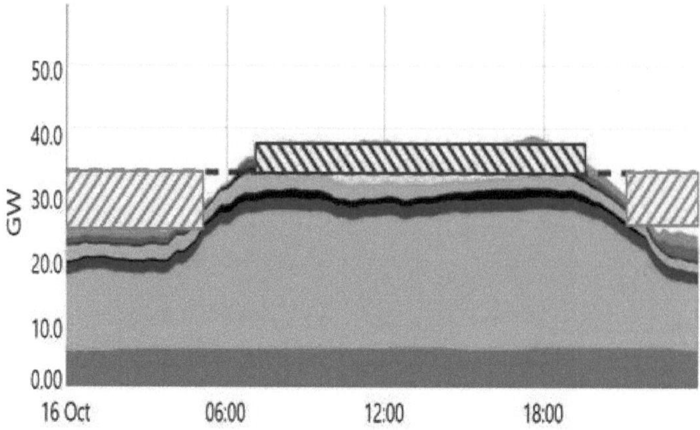

Cálculo do armazenamento durante o dia. A energia excedente produzida durante a noite (área sombreada a verde) pode ser armazenada e utilizada para satisfazer as necessidades adicionais de procura durante o dia (área sombreada a vermelho)

Estes números: 65GWh e 8GW são provavelmente subestimados devido a 3 factores:

- a produção de eletricidade renovável não é constante ao longo de um dia típico ou ao longo do ano;
- noutras alturas do ano pode ocorrer uma maior variação diária entre picos e vales;
- os cálculos não têm em conta o aumento futuro previsto do consumo de eletricidade à medida que outros sectores do sistema energético forem sendo electrificados: especificamente os transportes e o aquecimento dos edifícios.

Por outro lado, a eletrificação dos transportes oferece oportunidades de armazenamento de eletricidade através da gestão da procura de carregamento e de sistemas "veículo à rede" (V2G). O armazenamento de calor também oferece oportunidades semelhantes. Assim, o efeito global da sua eletrificação nas necessidades de armazenamento não é claro.

4.3.3. Corte de carga

A alternativa à construção de capacidade de produção para as necessidades médias de energia eléctrica e ao armazenamento da variação entre picos seria instalar capacidade de produção suficiente para satisfazer a procura de pico e depois "reduzir" (desligar) os geradores quando não são necessários noutras alturas do dia.

Para o nosso exemplo de 16 de outubro, isto exigiria uma produção de eletricidade renovável de 39,3 GW às 17:40. Destes, apenas 22,9 GW seriam necessários à meia-noite, o que significa que até 16,4 GW (42% da capacidade instalada) seriam desligados durante uma parte do dia.

O "fator de potência" médio da energia eólica no Mar do Norte é de 38,9% (ver este artigo). Assim, se toda a potência de pico fosse fornecida por turbinas eólicas offshore, os 39,3 GW de eletricidade exigiriam 39,3/0,389 = 101 GW de capacidade instalada de turbinas eólicas, o que corresponde a 8 400 das maiores turbinas eólicas offshore (12MW).

Se a potência média de 33 GW fosse fornecida pela base instalada e a variação entre picos e vales fosse gerida através do armazenamento intra-diário, como descrito acima, então a base instalada de turbinas teria de ser 33/0,389 = 85 GW, o que corresponde a 7100 turbinas. O custo do armazenamento de energia deve ser comparado com o custo da instalação e manutenção das 1300 turbinas eólicas adicionais para decidir qual é a opção mais atractiva do ponto de vista financeiro. Naturalmente, o cálculo económico é mais complexo do que isso, porque o "custo nivelado da eletricidade" depende da utilização dos activos de produção. Assim, a economia da produção de eletricidade muda se algumas das turbinas eólicas tiverem de ser cortadas durante metade do dia. O resto deste artigo aborda o armazenamento de eletricidade. O corte de carga não será discutido mais adiante.

4.3.4. Necessidades de armazenamento inter-sazonal

As necessidades de armazenamento intra-diário acima calculadas não têm em conta a necessidade de nivelar as variações inter-sazonais da procura de eletricidade que ocorrem num ciclo de 6 meses. O mesmo tipo de cálculo pode ser utilizado para estimar a quantidade de eletricidade que é necessário armazenar no verão para fornecer energia de pico no inverno, quando a procura média diária é mais elevada (mais aquecimento e iluminação). Utilizando os dados relativos ao consumo de eletricidade do Reino Unido em 2019 do site gridwatch.co.uk, e partindo do princípio de que a quantidade de produção de eletricidade renovável é constante ao longo das estações, o armazenamento de energia necessário é estimado, de forma muito aproximada, em 16 300 GWh (16,3 TWh). Este valor é aproximadamente 250 vezes superior à estimativa intra-diária de 65 GWh.

A potência adicional necessária para carregar e descarregar o sistema de armazenamento inter-sazonal é de cerca de 5-6 GW. Estas estimativas (16,3 TWh, 5-6 GW) não têm em conta o aumento futuro previsto da procura de eletricidade, de acordo com o fator 3 supra. Há também um forte efeito da variação sazonal do vento... Venta mais nos meses de inverno, quando é necessário mais aquecimento, do que nos meses de verão, onde a carga adicional é causada pelo ar condicionado.

Há uma outra forma de pensar sobre a necessidade de armazenamento de energia inter-sazonal do Reino Unido, que é considerar a procura nacional de aquecimento em vez da procura de eletricidade e assumir que o calor é fornecido pela queima de hidrogénio verde em caldeiras de condensação. A análise é feita num post de blogue que acompanha este sítio Web. Para resumir os resultados: se o hidrogénio verde fosse utilizado para aquecimento, seria necessária uma enorme quantidade de eletricidade renovável - cerca de 385 GW de capacidade instalada durante os meses de inverno. No entanto, se o hidrogénio fosse armazenado em cavernas de sal subterrâneas, a quantidade de capacidade de produção de eletricidade renovável poderia ser reduzida para metade, para 193 GW. O hidrogénio produzido e armazenado nos meses de verão seria adicionado ao hidrogénio produzido no inverno. A quantidade de armazenamento necessária seria de cerca de 208 000 GWh (208 TWh). Este valor é cerca de 13 vezes superior à estimativa de armazenamento inter-sazonal para o sistema elétrico acima referida.

4.4. Opções de armazenamento

Existem muitas aplicações para o armazenamento de eletricidade: desde as baterias recarregáveis em pequenos aparelhos até às grandes barragens hidroeléctricas, utilizadas para o armazenamento de eletricidade à escala da rede. Estas aplicações diferem quanto à quantidade de energia que tem de ser armazenada e à taxa (potência) a que tem de ser transferida para dentro e para fora do sistema de armazenamento. Este artigo trata do armazenamento intra-diário e inter-sazonal em grande escala, necessário para equilibrar as flutuações da oferta e da procura de energia à escala nacional.

A potência (medida em unidades de Watts (W) ou kW, MW, GW) é a taxa de utilização da energia (medida em Watt.hora (Wh) ou kWh...). Se a potência for constante, o tempo para carregar ou descarregar totalmente um sistema de armazenamento é dado por Tempo=Energia armazenada/Potência. Estas quantidades são mostradas esquematicamente na Figura, de [1], para sistemas de armazenamento de energia em grande escala. A figura compara as tecnologias de armazenamento em termos dos seus tempos de descarga à potência nominal versus a sua potência de carga/descarga. As tecnologias mais adequadas para o armazenamento de eletricidade à escala da rede encontram-se no canto superior direito, com potências elevadas e tempos de descarga de horas ou dias (mas não de semanas ou meses). São elas a energia hidroelétrica por bombagem, o hidrogénio, o ar comprimido e o armazenamento criogénico de energia (também conhecido como "armazenamento líquido de energia a ar" (LAES)).

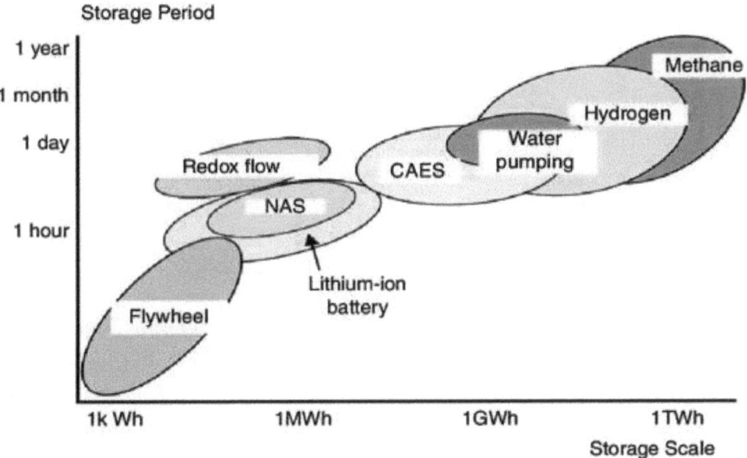

Comparação das tecnologias de armazenamento de eletricidade.

A hidroeletricidade por bombagem é o padrão atual para o armazenamento de eletricidade à escala da rede. Pode armazenar e produzir eletricidade a altas potências, com grandes capacidades de armazenamento/tempos de descarga. No entanto, requer grandes reservatórios de água em terrenos montanhosos. Uma grande parte dos locais disponíveis no Reino Unido já foi utilizada e as preocupações ambientais impedem o desenvolvimento de outros. Assim, as centrais hidroeléctricas por bombagem atingiram um nível próximo do seu máximo de utilização no Reino Unido. Não existem atualmente novos projectos de centrais hidroeléctricas por bombagem em construção.

Os defensores de uma economia do hidrogénio verde propõem resolver o problema do armazenamento de eletricidade utilizando o excesso de eletricidade para eletrolisar a água e produzir hidrogénio; armazenando o hidrogénio em "armazenamento geológico" (cavernas de sal subterrâneas); e convertendo-o de novo em eletricidade utilizando células de combustível nas horas de ponta. Este processo é mostrado no ramo esquerdo da figura. Tem a vantagem de ter uma capacidade de armazenamento potencialmente elevada, dependendo do volume interno das cavernas de sal. No entanto, os locais de armazenamento de hidrogénio estão limitados pela geologia disponível, o que limita a flexibilidade.

A Associação de Armazenamento de Energia, sediada nos EUA, afirma que até 100 GWh de Hydro-gen poderiam ser armazenados numa caverna de sal com um volume de 500 000 metros cúbicos, a uma pressão de 200 bar. Isto seria suficiente para cobrir as necessidades intra-diárias estimadas em 65 GWh. Para fornecer os 16,3 TWh estimados de armazenamento inter-sazonal para o sistema elétrico, seriam necessárias cerca de 160 instalações deste tipo em cavernas salinas. Se o armazenamento inter-sazonal de energia fosse necessário para aquecer as casas do país com hidrogénio verde, seriam necessárias 2 080 cavernas de sal, conforme calculado em
https://www.csrf.ac.uk/blog/hydrogen-for-heating/.

O quadro 9 (p151) do relatório da Associação Internacional de Energia de 2019 "The Future of Hydrogen" [2] afirma (sem quaisquer referências de apoio) que existem 3 locais adequados em cavernas salinas para armazenamento de hidrogénio nos EUA e outros 3 locais no Reino Unido. Diz também que há "pouca experiência com campos de petróleo e gás esgotados ou aquíferos de água para armazenamento de hidrogénio (por exemplo, questões de contaminação)". Isto levanta questões sobre se a quantidade de armazenamento disponível é suficiente para satisfazer a procura.

O armazenamento de hidrogénio a esta escala está completamente subdesenvolvido. Não existem exemplos ou protótipos de sistemas. O grau de preparação da tecnologia está no nível mais baixo da escala TRL. Dado este ponto de partida, é difícil imaginar como poderá ser construído um armazenamento suficiente de Hidrogénio Verde a tempo de afetar significativamente as trajectórias de descarbonização da eletricidade ou do calor do Reino Unido até 2050.

O ar comprimido é altamente energético e complexo de gerir do ponto de vista da segurança. Os recipientes sob pressão industriais requerem inspecções de segurança regulares e testes de prova para garantir que fissuras microscópicas não se desenvolvam e provoquem rupturas, que podem ser explosivas. As cavernas salinas subterrâneas teriam de ser continuamente monitorizadas, regularmente testadas à pressão e inspeccionadas para que a sua segurança fosse garantida. Para mais informações, consultar o Health and Safety Executive.

O armazenamento criogénico (Liquid Air Energy Storage - LAES) é uma estrela emergente entre as tecnologias de armazenamento de energia à escala da rede. A partir da Figura, pode ver-se que o armazenamento criogénico compara-se razoavelmente bem em termos de potência e tempo de descarga com o hidrogénio e o ar comprimido.

O processo de armazenamento de energia por ar líquido é apresentado no ramo direito da figura. Tem 3 etapas principais: "Carregamento", que envolve a liquefação do ar utilizando um ciclo de Claude; "Armazenamento" do ar líquido em reservatórios normais de dupla pele e baixa pressão (garrafas térmicas de grande dimensão); e "Recuperação", que envolve a expansão do ar líquido através de uma turbina para gerar eletricidade. Apesar de não ser muito conhecido, este sistema de armazenamento tem um elevado nível de prontidão tecnológica (TRL), é seguro e benigno, utiliza componentes padrão prontos a usar e pode ser localizado em qualquer ponto do país, utilizando uma pequena área de terreno... não é necessário estar perto de cavernas salinas. O armazenamento de ar líquido tem a vantagem de os sistemas de conversão e armazenamento de energia serem desacoplados. Precisa de mais armazenamento?... adicione mais alguns tanques de armazenamento de baixo custo.

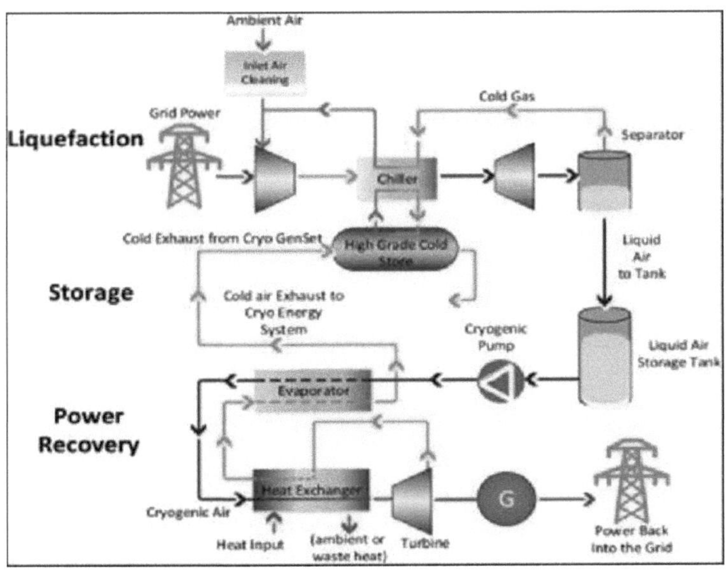

Em 2018, a empresa em fase de arranque High-viewPower abriu uma central de demonstração de 15 MWh à escala da rede em Bury, perto de Manchester. Pode fornecer nominalmente 5 MW de energia durante 3 horas. A High-view iniciou recentemente a construção da primeira instalação comercial "CRYObattery" com uma capacidade de armazenamento de 250 MWh que pode fornecer nominalmente 50 MW de eletricidade durante 5 horas. Esta tecnologia está a dar os primeiros passos e pode ser substancialmente ampliada.

É possível utilizar baterias de várias composições químicas para o armazenamento de eletricidade em pequena e média escala, mas as tecnologias não são tão eficazes como os outros sistemas de elevada capacidade, porque os sistemas de conversão e armazenamento de energia estão acoplados. Consequentemente, não há uma redução significativa do custo por kWh com o aumento da capacidade de armazenamento... cada kWh adicional de armazenamento em bateria custa aproximadamente o mesmo que o primeiro... As baterias também têm uma vida finita. Só podem ser carregadas e descarregadas um número limitado de vezes. Utilizam materiais caros e escassos, como o lítio e o cobalto, pelo que têm um impacto significativo nos recursos ambientais.

Existem também várias tecnologias de "armazenamento de energia térmica" (TES). Estas permitem que o excesso de calor seja armazenado e utilizado horas, dias ou mesmo meses mais tarde. O armazenamento de energia térmica pode variar em escala, desde edifícios individuais a bairros inteiros. É mais eficiente quando integrado em sistemas de aquecimento e arrefecimento que utilizam bombas de calor. O TES pode ser utilizado para captar o calor residual e/ou para aumentar a eficiência de um sistema de armazenamento de energia de ar líquido. Existem também alguns sistemas de armazenamento de energia térmica de "sal fundido" a alta temperatura que podem ser utilizados para o armazenamento de eletricidade. Estes são por vezes utilizados para armazenar o calor recolhido por sistemas de energia solar concentrada. Uma vantagem dos sistemas de armazenamento térmico é o facto de o custo do meio de armazenamento ser geralmente baixo, pelo que a capacidade de armazenamento pode ser grande a um custo relativamente baixo.

4.5. Resumo

As tecnologias que podem ser utilizadas para complementar as actuais centrais hidroeléctricas por bombagem para o armazenamento de eletricidade à escala da rede são: Hidrogénio verde, ar comprimido e armazenamento criogénico (ar líquido). Destas, o ar líquido parece ser a mais promissora para o armazenamento intra-diário. Tem um elevado nível de preparação tecnológica, ao contrário das tecnologias concorrentes que não foram testadas à escala. Não está limitado a locais próximos de cavernas salinas subterrâneas.

4.6. A importância da eficiência energética

O custo do armazenamento de energia depende fortemente da eficiência energética de "ida e volta" do processo de armazenamento (a quantidade de energia que sai do dispositivo de armazenamento dividida pela quantidade que entrou).

O ramo esquerdo da Figura mostra que se começarmos com 100 kWh de eletricidade renovável, produzirmos e armazenarmos Hidrogénio Verde; depois passarmos o Hidrogénio por uma célula de combustível para gerar eletricidade, apenas 32 kWh são devolvidos à rede eléctrica após o processo de armazenamento. Isto deve-se ao facto de 68% da energia de entrada ser desperdiçada como calor de baixa qualidade durante o processo. As principais perdas ocorrem na fase de eletrólise, que tem uma eficiência máxima de 75%, e na célula de combustível, que tem uma eficiência de cerca de 50% [3]. A eficiência de "ida e volta" (eletricidade-hidrogénio-eletricidade) é, portanto, de aproximadamente 32%.

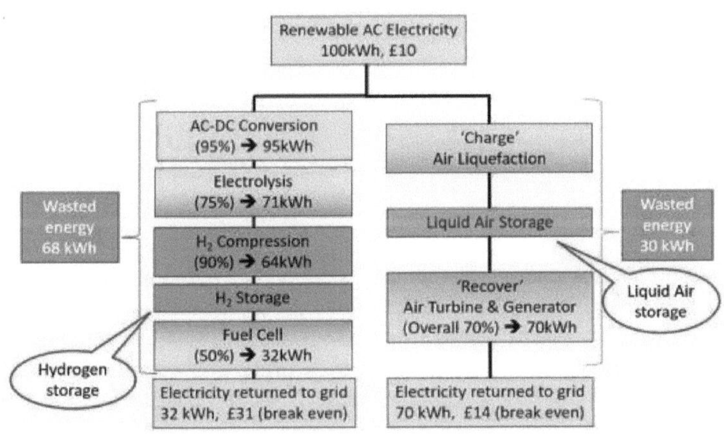

Eficiência energética dos processos de armazenamento: Hidrogénio e ar líquido. (Não é possível mostrar as eficiências das etapas individuais no gráfico da direita)
porque o calor é transferido dentro do processo de uma forma que

esbate os limites de energia das etapas [4].

Outras tecnologias de armazenamento de eletricidade são significativamente mais eficientes do que o hidrogénio verde. Estas incluem a hidroeletricidade por bombagem (eficiência de ida e volta de 70-85%), as baterias de chumbo-ácido (80-90%), as baterias de iões de lítio (85-95%); as rodas volantes (70-95%) e o ar comprimido (40-70%) [5].

Como exemplo de uma tecnologia de armazenamento mais eficiente, o armazenamento criogénico (ar líquido) tem uma eficiência de ida e volta de até 70%, como mostra o ramo direito da figura. Isto significa que 30% da energia é perdida como calor de baixo grau na viagem de ida e volta [4]. As etapas do processo envolvem algumas perdas através da mudança de estado do azoto (gás-líquido-gás), mas estas etapas são muito mais eficientes do que as reacções químicas necessárias para produzir e dividir o hidrogénio (água-hidrogénio-água). Outras tecnologias de armazenamento em grande escala, incluindo o ar comprimido e a energia hidroelétrica por bombagem, têm eficiências de ida e volta semelhantes - na ordem dos 70%.

4.7. Opinião

Várias tecnologias de armazenamento, como o ar líquido, o ar comprimido e a bombagem hidráulica, são significativamente mais eficientes do que o armazenamento de hidrogénio verde. Consequentemente, é desperdiçada muito menos energia na viagem de ida e volta do armazenamento de energia.

4.8. Economia
4.8.1. Análise financeira simples

Suponhamos que foi criada uma empresa para comprar eletricidade à rede fora do horário de ponta, quando o preço do mercado grossista é baixo, e vendê-la de volta à rede quando o preço é alto. A empresa poderia ganhar dinheiro com a diferença entre os preços de compra e venda e utilizá-la para financiar os seus custos de capital e de funcionamento e gerar lucro. Este modelo de negócio é conhecido como "arbitragem". Suponhamos, por exemplo, que o preço de compra era de 10p por "unidade" de eletricidade (kWh). Isto equivale a £10 por 100 kWh, como mostra o bloco superior da figura acima.

Se a empresa utilizasse o Hidrogénio Verde para armazenar a eletricidade, 68 kWh dos 100 kWh iniciais seriam desperdiçados pelo processo ineficiente e apenas 32 kWh estariam disponíveis para vender de volta à rede. O valor desses 32 kWh seria de £3,20 ao preço de compra inicial, pelo que a ineficiência teria deitado fora £6,80 da compra inicial de eletricidade. Isto significa que a empresa de armazenamento teria de vender a eletricidade armazenada por 10,00/0,32 = 31,25 p/kWh (ou seja, 31,25€ por 100kWh) para conseguir equilibrar a sua compra de 10€. Acrescentando a isto os pagamentos de juros sobre o capital para as suas instalações, os custos operacionais e o lucro... a empresa necessitaria de um preço de venda próximo dos 40 p/kWh para manter a sua atividade.

O caminho do lado direito mostra que se utilizarmos armazenamento de ar líquido, hidroelétrico por bombagem ou armazenamento de ar comprimido com uma eficiência de 70%, então 70 kWh de eletricidade armazenada estarão disponíveis para vender à rede eléctrica. Consequentemente, o preço de venda de equilíbrio seria 10/0,7 = 14,29 p/kWh ou £14,29 por 100kWh. Este exemplo simples mostra como a eficiência energética é importante para o modelo de negócio de arbitragem. Nenhum consumidor compraria eletricidade a 31 p/kWh à empresa de armazenamento de Hidrogénio Verde quando a poderia comprar a 14 p/kWh à empresa de armazenamento de Ar Líquido.

O rácio dos preços de equilíbrio 31,25/14,29 = 2,2 resulta das eficiências de ida e volta (70/32 = 2,2). Isto significa que, qualquer que seja o preço da eletricidade comprada pela empresa de armazenamento de arbitragem, o preço de venda de equilíbrio da eletricidade armazenada através do hidrogénio será 2,2 vezes superior ao preço da eletricidade armazenada através do ar líquido. A empresa de armazenamento de hidrogénio verde não poderia competir com qualquer preço de eletricidade por grosso e é improvável que tenha um negócio viável.

Uma vez que o número 2.2 se baseia na termodinâmica fundamental, é muito pouco provável que sofra alterações significativas no futuro. As etapas individuais dos processos de conversão podem melhorar ligeiramente em termos de eficiência com o desenvolvimento tecnológico, mas a maior parte dos processos envolvidos estão maduros e apenas se podem esperar pequenas melhorias. É pouco provável que as conclusões de base se alterem. A única forma de tornar o processo de hidrogénio verde competitivo em relação ao ar líquido seria através de subsídios governamentais de pelo menos 31-14 =17 p/kWh.

Este cálculo simples do "break-even" é fornecido para ilustrar a importância da eficiência de ida e volta no armazenamento de energia. O cálculo ignora uma série de elementos de custo, sobretudo o custo de capital da instalação de armazenamento e os custos de manutenção e de pessoal. Estes podem fazer uma diferença significativa no custo do armazenamento e, por conseguinte, na decisão sobre a tecnologia a utilizar. Na secção seguinte, é apresentada uma análise económica mais abrangente.

Mais um ponto: É improvável que os preços muito baixos da eletricidade que se verificam atualmente devido ao excesso de oferta em algumas horas do dia sejam o "novo normal". São um artefacto da situação atual em que o mercado da eletricidade está distorcido devido ao rápido aumento das energias renováveis, sem um aumento proporcional da capacidade de armazenamento. Num futuro próximo, à medida que o mercado do armazenamento de eletricidade amadurecer e houver muito mais capacidade de armazenamento de eletricidade à escala da rede, haverá uma procura significativa de eletricidade fora das horas de ponta por parte de empresas de armazenamento de arbitragem. Estas empresas comprarão e armazenarão a eletricidade excedentária e voltarão a vendê-la à rede a um preço mais elevado, mais tarde no dia ou no ano, fazendo assim subir o preço em alturas de excesso de oferta. Neste mercado livre, os sistemas de armazenamento ineficientes não são susceptíveis de ser competitivos. Os sistemas escaláveis com elevada eficiência serão os vencedores.

4.8.2. Custo nivelado de armazenamento

Uma análise financeira mais rigorosa envolve o cálculo do "custo nivelado de armazenamento" (LCOS), que é definido como o custo total anualizado do investimento de capital inicial, juros, custos de substituição, eliminação e/ou valor residual e custos operacionais variáveis e fixos durante o tempo de vida da instalação, dividido pela produção anual total de energia do sistema [6].

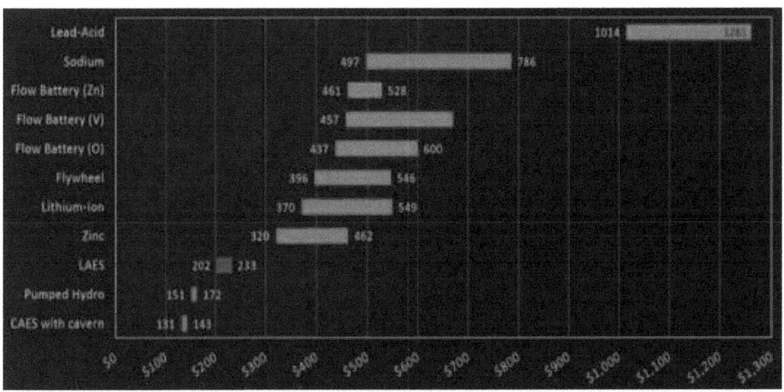

Custo nivelado do armazenamento durante 30 anos, em unidades de $/MWh [4].

A figura, de [4], mostra o LCOS para uma série de sistemas de energia à escala da rede, calculados ao longo de 30 anos. O armazenamento de energia por ar líquido (LAES) pode ser considerado competitivo em relação à hidroelétrica por bombagem, a 202-233 $/MWh (15-18 p/kWh) e metade do custo das baterias de iões de lítio. Prevê-se que o armazenamento de ar comprimido (CAES) tenha um custo ainda mais baixo do que o da hidroelétrica por bombagem. Atualmente, o armazenamento de sódio (sal fundido) é significativamente mais caro. O LCOS para o hidrogénio verde não é apresentado neste diagrama porque a tecnologia ainda não existe e não é um concorrente viável neste mercado.

O armazenamento de ar comprimido pode ter uma eficiência comparável à do criogénico (ar líquido) em algumas circunstâncias [4] e é mais adequado para o armazenamento a longo prazo e inter-sazonal do que o criogénico. Assim, é possível que uma combinação de ar líquido e ar comprimido seja, em última análise, a melhor solução. Um sistema deste tipo teria um LCOS muito inferior ao do hidrogénio verde. Note-se, no entanto, que a quantidade de armazenamento de energia necessária para resolver o problema inter-sazonal é imensa... centenas de dias de consumo a níveis de potência de 5 ou 6 GW. Mesmo que todas as cavernas salgadas do Reino Unido e das águas circundantes fossem exploradas para armazenamento de ar comprimido, parece muito improvável que pudesse ser construído armazenamento suficiente para satisfazer as necessidades de armazenamento inter-sazonal do Reino Unido.

A partir daí, o custo nivelado do armazenamento de eletricidade criogénico e de ar comprimido é comparável ao das centrais hidroeléctricas por bombagem. O armazenamento criogénico tem a vantagem de poder ser localizado em qualquer ponto do país e não precisa de estar próximo de características geológicas específicas - terreno montanhoso ou cavernas salinas. O ar comprimido tem a vantagem de ter tempos de armazenamento mais longos, tornando-o mais adequado para o armazenamento inter-sazonal. No entanto, ainda é pouco provável que haja capacidade suficiente para o armazenamento inter-sazonal no Reino Unido.

O armazenamento de energia em ar líquido é uma tecnologia promissora. Tem um elevado nível de preparação tecnológica; pode ser construída à escala da rede em praticamente qualquer local; tem uma boa eficiência de ida e volta; é segura e benigna. O armazenamento de ar líquido é adequado às necessidades de armazenamento intradiário do Reino Unido. O armazenamento de ar comprimido é a tecnologia mais promissora para o armazenamento inter-sazonal, embora se encontre atualmente num nível baixo de TRL. A sua eficiência de ida e volta muito superior à do hidrogénio verde torna-o uma opção significativamente mais económica.

No futuro mundo alimentado por eletricidade renovável, os interconectores poderiam transmitir eletricidade no sentido Este-Oeste, em torno de fusos horários, para reduzir a necessidade de armazenamento intra-diário; ou no sentido Norte-Sul, entre latitudes, para resolver o problema da variação inter-sazonal da eletricidade. Por exemplo, compare-se o interconector Xinjiang-Anhui (12 GW, 3293 km) com a necessidade de armazenamento inter-sazonal de 8 GW do Reino Unido, estimada acima, e a distância de 1700 km entre a Inglaterra e a Argélia, no Norte de África, onde a energia solar é abundante. Parece que as interligações adequadas poderiam fornecer grande parte da variação diária de eletricidade do Reino Unido e, possivelmente, grande parte das suas necessidades inter-sazonais de eletricidade.

É claro que o armazenamento de eletricidade não é apenas um problema do Reino Unido. A eletricidade solar do Norte da Austrália poderia ser fornecida à Indonésia através de um interconector UHVDC de 3000 km ou a Singapura a 3500 km. É provável que isto seja muito mais rentável do que produzir hidrogénio e transportá-lo da Austrália para cidades asiáticas por navio, com 68% de perdas de energia nas conversões de energia de ida e volta (Figura). Existem outros exemplos em todo o mundo.

4.9. Referências

[1].   Moller, KT, et al. "Hydrogen - A sustainable energy carrier", Progress in
      Ciências Naturais: Materiais Internacionais. Volume 27, Número 1, fevereiro
      2017,   Páginas   34-40.
https:/www.doi.org/10.1016/j.pnsc.2016.12.014
[2].   Anon "The Future of Hydrogen", AIE, junho de 2019,
      199pp https://www.iea.org/reports/the-future-of-hydrogen.
[3].   Bossel, U. "Does a Hydrogen Economy Make Sense?" (A economia do hidrogénio faz sentido?),
      Proc IEEE, Vol 94, No 10, pp1826-1837, 2006.
[4].   Joyeux, D. "A new contender for energy storage", Ingenia, Issue 78,
      2019. https://www.ingenia.org.uk/ingenia/issue-78/energy-storage
[5].   Anon, "Energy Storage in the UK: An Overview", Renewable Energy
      Associação, 2.ª edição, 2016.
      https://www.r-e-a.net/wp-content/2019/10/Energy-Storage-
FINAL6.
[6].   Schmidt, Melchior, Hawkes e Staffell, "Projecting the Future Levelized
      Cost of Electricity Storage Technologies". Joule, Volume 3, Número 1, P81-
      100, Jan 16, 2019. https://doi.org/10.1016/j.joule.2018.12.008
[7].   Fairley, P. 'China's State Grid Corp Crushes Power Transmission Records',
      IEEE Spectrum, 10 de janeiro de 2019.
      https://spectrum.ieee.org/energywise/energy/the-sma-
transmission-records

Capítulo (5)
Materiais de bateria da próxima geração
para
Armazenamento de energia

5.1. Prefácio

O consumo de combustíveis fósseis é a maior ameaça ao nosso ambiente, e estão a ser tomadas medidas em todo o mundo para a produção de energia sustentável e alternativas de armazenamento. Este facto acabou por aumentar a procura de materiais avançados de armazenamento de energia, com novos avanços na investigação a serem anunciados rapidamente. O recente progresso no desenvolvimento de baterias utilizando novos materiais é considerado um aspeto crucial do programa de desenvolvimento de energias renováveis.

Materiais clássicos utilizados em baterias para armazenamento de energia

As baterias de iões de lítio são, sem dúvida, as baterias de armazenamento de energia comercializadas com maior sucesso, presentes em aparelhos electrónicos, veículos eléctricos e dispositivos integrados.

De acordo com o artigo publicado na revista Materials Today, as baterias de iões de lítio são constituídas por uma rede de cátodo de intercalação. Um cátodo de intercalação funciona como uma estrutura hospedeira sólida que pode armazenar iões convidados, permitindo a sua

127

inserção e remoção reversíveis. No caso de uma bateria de iões de lítio, o Li+ é o ião convidado e, na última década, a rede hospedeira consistia em materiais como calcogenetos metálicos, óxidos de metais de transição e compostos de poli-aniões.

A estrutura em camadas representa o estilo mais antigo de compostos de intercalação utilizados como materiais catódicos em baterias de iões de lítio. Os calcogenetos metálicos, como o TiS3 e o NbSe3, foram explorados no passado como potenciais materiais catódicos para intercalação. Entre os vários calcogenetos, o LiTiS2 (LTS) ganhou uma atenção significativa devido à sua elevada densidade de energia gravimétrica.

O artigo refere que os ânodos de carbono desempenharam um papel fundamental na viabilização comercial das baterias de iões de lítio há mais de três décadas. A relação custo-eficácia, a rápida disponibilidade, a densidade energética moderada e a longevidade superior em comparação com outros materiais de ânodo fizeram do carbono uma escolha óbvia. Além disso, o óxido de lítio e titânio (LTO) foi também efetivamente introduzido no mercado devido à sua excelente estabilidade térmica, capacidade volumétrica relativamente elevada e ciclo de vida prolongado.

5.2. Materiais para o desenvolvimento de baterias modernas de chumbo-carbono

As baterias de chumbo-carbono (LCBs) são um subtipo comum de baterias de chumbo-ácido (LABs). O elétrodo negativo de Pb e o elétrodo positivo de PbO2 constituem uma bateria de chumbo-ácido. De acordo com um artigo recente da Electrochemical Energy Reviews, o carvão ativado (AC) pode aumentar significativamente a capacidade de carga de um elétrodo negativo de chumbo (Pb).

Quando uma configuração de ligação paralela de Pb combinada com AC é modificada para uma ligação paralela interna, e as partículas de AC são interligadas dentro do material ativo negativo (NAM), a bateria tradicional de chumbo-ácido (LAB) é elevada a uma LAB avançada com um elétrodo negativo composto de chumbo-carbono reforçado com carbono de dupla finalidade. Estes eléctrodos de chumbo-carbono apresentam um melhor desempenho energético e um ciclo de vida prolongado, especialmente durante o funcionamento em estado de carga parcial (PSoC), pelo que as baterias com estes eléctrodos de chumbo-carbono são normalmente designadas por LCB.

Os elementos-chave dos LCBs são os materiais activos, com grande parte da investigação centrada na criação de materiais activos positivos (PAMs) e materiais activos negativos (NAMs) robustos. Os aditivos desempenham um papel crucial no avanço dos LABs. No caso dos aditivos de carbono, os materiais de carbono de alta densidade são preferidos para uma fácil integração no NAM. Melhorar os aditivos PAM é um desafio porque o PbO_2 é altamente oxidativo e tende a oxidar os aditivos de carbono. Como resultado, os investigadores estão a trabalhar em vários aditivos inorgânicos e materiais de carbono altamente cristalinos que são menos susceptíveis à oxidação.

5.3. Importância da cafeína nas baterias de lítio como Material de armazenamento de energia da próxima geração

Os compostos orgânicos estão agora a ser considerados um recurso valioso para a próxima geração de materiais de armazenamento de energia de baterias recarregáveis. Estes compostos têm centros redox naturais, o que os torna uma escolha viável para o armazenamento sustentável de energia.

Em investigação recente na revista Energy Storage Materials, os polímeros condutores e os compostos de enxofre orgânico são apontados como materiais úteis para o armazenamento de energia. A cafeína, derivada do alcaloide xantina e conhecida como a substância psicotrópica mais consumida, mostra potencial para envolvimento na transferência de electrões acoplados ao lítio através de um processo redox, tornando-a um candidato a material de armazenamento de energia.

Os investigadores examinaram a utilização da cafeína em cátodos de baterias de iões de lítio (LIB), investigando o mecanismo de armazenamento de energia durante as reacções electroquímicas. Utilizando testes galvanostáticos de carga-descarga, os investigadores confirmaram que as reacções redox da cafeína são reversíveis. Demonstrou um desempenho superior a 200 mAh g-1 de capacidade, mesmo após 100 ciclos numa gama de tensões de 1,5 a 4,3 V. A caraterização por infravermelhos (IR) validou o mecanismo de armazenamento de energia. No entanto, há uma necessidade extrema de otimizar a cafeína e os seus derivados, especialmente para lidar com as flutuações de tensão e minimizar a polarização redox elevada, para os estabelecer como materiais de armazenamento de energia eficazes para baterias.

5.4. Calcogenetos de metais de transição: O futuro do armazenamento de energia

Uma equipa de investigação publicou recentemente um artigo na revista Nano-scale Advances que se centra na importância dos calcogenetos de metais de transição como materiais de armazenamento de energia. O material de calcogenetos de metais de transição, especialmente as suas estruturas em nanoescala, é utilizado no desenvolvimento de baterias de lítio modernas e altamente eficientes, baterias de sódio e supercondutores optimizados.

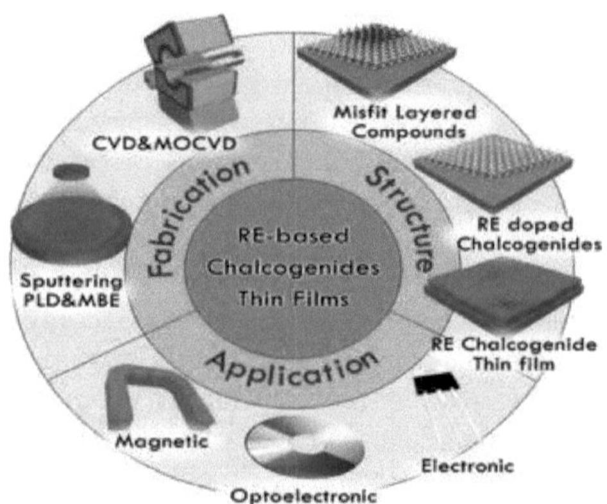

Os nanocristais e as películas finas de calcogenetos de metais de transição contêm mais sítios electroactivos para reacções redox e possuem uma estrutura flexível com diversas propriedades electrónicas. Estas características tornam-nos muito apelativos e opções mais práticas como novos materiais de eléctrodos para dispositivos de armazenamento de energia, quando comparados com materiais convencionais.

5.5. Importância dos materiais anti-perovskite para Aplicações de armazenamento de energia

As anti-perovskitas, designadas por X3BA, que são essencialmente versões eletricamente invertidas das perovskitas ABX3, suscitaram um interesse significativo devido ao seu desempenho impressionante em vários domínios. Têm-se destacado particularmente no domínio das baterias de armazenamento de energia.

De acordo com a investigação publicada na InfoMat por uma equipa de investigadores chineses, os electrólitos de estado sólido (SSE) de anti-perovskite rica em Li/Na (LiRAP/NaRAP) são conhecidos pelos seus atributos notáveis, incluindo a elevada condutividade iónica e a robusta estabilidade química/eletroquímica quando combinados com ânodos de Li-metal. Estas características realçam o seu potencial significativo para utilização em várias aplicações, tais como baterias de Li-metal baseadas em electrólitos líquidos não aquosos (LMBs) ou LMBs baseadas em electrólitos de estado sólido.

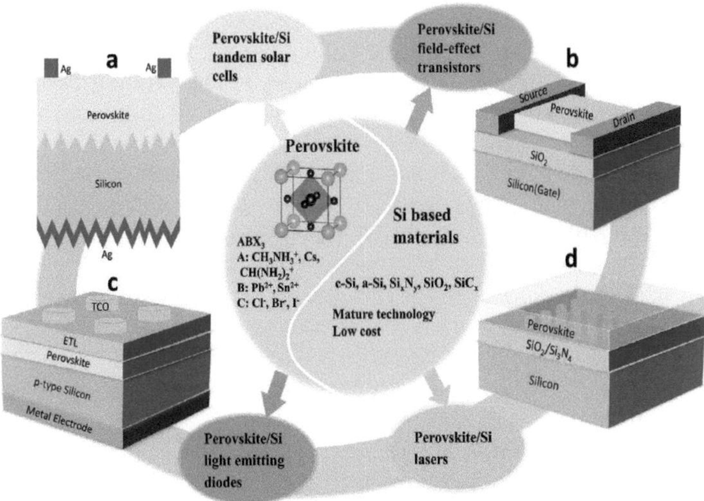

As anti-perovskitas têm sido exploradas em diversas funções, servindo como interfaces artificiais de eletrólito sólido para salvaguardar os ânodos de Li-metal, como SSEs de película fina para baterias compactas e como electrólitos sólidos de baixa temperatura de fusão que permitem a fusão-infiltração para a produção de baterias de lítio de estado sólido. Os LiRAPs dopados com metais de transição, quando utilizados como cátodos, têm demonstrado uma capacidade de descarga substancial e um forte desempenho em baterias de iões de lítio (LIBs). Os cientistas de materiais de todo o mundo estão a melhorar ainda mais o desempenho das anti-perovskitas para otimizar o seu desempenho em termos de armazenamento de energia.

Atualmente, muitos materiais estão a ser processados para funcionarem como materiais de armazenamento de energia. Os MXénios 2D são um material muito investigado neste domínio. Nos próximos cinco

131

a dez anos, podemos esperar melhorias na densidade energética, carregamento mais rápido e maior sustentabilidade, o que contribuirá para um ambiente de armazenamento de energia mais sustentável e eficiente.

5.6. Referências

[1].   Nitta, N. et. al. (2015). Materiais para baterias de iões de lítio: actuais e
futuro. Materials today, 18(5), 252-264. Disponível em:
https://doi.org/10.1016/j.mattod.2014.10.040.
[2].   Yin, J. et al. (2022). Baterias de chumbo-carbono para o futuro armazenamento de energia:
Do mecanismo e dos materiais às aplicações. Electrochem. Energia
Rev. 5, 2. Disponível em: https://doi.org/10.1007/s41918-022-00134-w.
[3].   Lee, W. et. al. (2023). Cafeína como um material de armazenamento de energia para o próximo
geração de baterias de lítio. Energy Storage Materials, 56, 13-24.
Disponível em: https://doi.org/10.1016/j.ensm.2023.01.003.
[4].   Palchoudhury, S. et. al. (2023). Calcogenetos de metais de transição para o próximo-
geração de armazenamento de energia. Nanoscale Advances, 5(10), 2724-2742.
Disponível em: https://doi.org/10.1039/D2NA00944G.
[5].   Deng, Z. et. al. (2022). Materiais anti-perovskite para armazenamento de energia
baterias. InfoMat, 4(2), e12252.
Disponível em: https://doi.org/10.1002/inf2.12252

Capítulo (6)
Roteiros de Transição para Cidades Resilientes e Sustentáveis

6.1. Prefácio

Um roteiro de transição é uma ferramenta e um instrumento político que apoia e orienta os municípios e outros actores da sociedade na abordagem das alterações climáticas e na implementação de acções para a construção de cidades mais sustentáveis e resilientes. Os roteiros de transição ajudam as cidades e os seus cidadãos a responder a questões como: "o que é necessário, e até quando, para alcançar uma cidade com zero emissões de carbono em 2050?". Um roteiro de transição eficiente considera as seguintes questões (Jeffrey et al., 2013; McGrail, 2014):

- Objectivos: Para onde queremos ir?
- Situação/Desafios: Em que ponto estamos agora?
- Processo/Necessidades: Como podemos lá chegar?

Um roteiro de transição inclui um quadro estratégico e detalhado para medir, planear e reduzir as emissões de gases com efeito de estufa e os impactos climáticos conexos para uma cidade ou território específico. Mais especificamente, um roteiro de transição envolve o desenvolvimento de visões do que a cidade poderia ser no futuro e estabelece objectivos de redução das emissões de gases com efeito de estufa, delineia acções para reduzir essas emissões e lança estratégias de implementação. Os municípios concebem, planeiam e utilizam planos de ação climática como roteiros que são úteis para tomar decisões informadas e para compreender melhor como conseguir reduções efectivas e significativas das emissões de gases com efeito de estufa.

6.2. Visão geral dos roteiros de transição

Roteiros de transição para cidades resilientes e sustentáveis		
Cidade	**Título do roteiro**	**Descrição**
Grenoble (França)	Grenoble Roa-dmap: Plano Diretor de Energia 2030	Grenoble concebeu o seu Plano Diretor de Energia 2030, descrevendo as orientações práticas para ajudar a cidade a atingir os objectivos do Plano Climático de Energia Aérea. A carta de envolvimento dos cidadãos da cidade desempenhou um papel importante no processo de participação dos cidadãos no seu roteiro para a neutralidade carbónica. O roteiro descreve, no âmbito de 2030 e 2050, as acções primordialmente orientadas para a redução do consumo de energia e das emissões de gases com efeito de estufa, apoiando sistemas de eletricidade e aquecimento baseados em energias renováveis, edifícios limpos e

		eficientes, bem como a melhoria da qualidade do ar.
Mancheste r (Reino Unido)	Quadro de Manchester para as alterações climáticas 2020-2025	Manchester estruturou o seu plano de ação com vista a uma cidade adaptada e resiliente às alterações climáticas, atenta ao seu orçamento de carbono, à saúde e ao bem-estar dos seus residentes e a uma economia inclusiva, uma economia com zero emissões de carbono e resistente às alterações climáticas. Estes objectivos serão alcançados dando prioridade a 6 áreas: edifícios, energias renováveis, transportes e transportes aéreos, alimentação, consumo, infra-estruturas verdes e soluções baseadas na natureza. Para o efeito, o Conselho Municipal envolve-se em processos participativos e parcerias com as várias partes interessadas da cidade.
Roterdão (Países Baixos)	Nova energia para Roterdão	O Plano de Transição Energética de Roterdão desenvolve dois cenários para tornar a maior cidade portuária da Europa neutra em termos climáticos. Um visa principalmente soluções eléctricas nos transportes públicos e individuais e a eficiência energética nos edifícios. O segundo, mais radical, visa soluções colectivas em redes de calor e fontes de energia renováveis, e promove a mobilidade não motorizada. Duas ambições fundamentais são um centro da cidade sem emissões e a transição para o sistema de aquecimento a gás natural.
San-Sebastián (Espanha)	Plano de Ação Climática 2050 de Donostia / San Sebastián	Através de um processo participativo, o município de San Sebastian desenvolveu em 2017 um plano de ação climática local com a visão global de uma cidade neutra em carbono até 2050. Os sectores visados são a participação e a mobilização dos cidadãos, a ocupação e o uso do solo, a mobilidade, a energia, a produção e o consumo,
Yokohama (Japão)	Plano de ação da cidade de Yokohama para medidas de combate ao aquecimento global	Para alcançar a neutralidade carbónica até 2050, a cidade de Yokohama concebeu em 2018 uma abordagem 3C (escolha, criação, colaboração) com o objetivo de descarbonizar o sistema energético, a mobilidade, a economia, os edifícios, a produção, o consumo e os estilos de vida. É dada especial atenção à tecnologia e à inovação, bem como à adaptação e resiliência aos efeitos das alterações climáticas.
Sydney (Austrália)	Estratégia Ambiental de Sydney 2021-2025	A estratégia ambiental da cidade para uma Sydney sustentável abrange uma série de tópicos, como a eficiência energética e hídrica nos edifícios e no planeamento urbano, a

		mobilidade, a eletricidade renovável, a prevenção e a recuperação de resíduos, o apoio aos residentes e às empresas na transição sustentável e a economia circular e verde. É dada especial atenção à inclusão das populações aborígenes e das ilhas do Estreito de Torres e às questões de equidade relacionadas com as alterações climáticas. Além disso, é dada especial atenção à gestão dos riscos ambientais e às questões relativas à seca e à atenuação do calor. A consulta e a participação dos residentes no plano de ação, as várias iniciativas e o júri de cidadãos contribuíram para o envolvimento do público na estratégia de Sidney.
Estocolmo (Suécia)	Estratégia para uma Estocolmo sem combustíveis fósseis até 2040	A estratégia ambiental do município de Estocolmo descreve as medidas adoptadas para alcançar uma cidade sem combustíveis fósseis e inteligente em termos climáticos até 2040. Aborda a produção e utilização sustentáveis de energia e ciclos naturais eficientes em termos de recursos através de resíduos e fontes de energia recicladas e da economia circular. Dois destaques deste roteiro são, em primeiro lugar, a importância dos transportes eco-eficientes, nomeadamente o tráfego rodoviário, a aviação, a navegação e as máquinas de trabalho. Além disso, a cidade tem como objetivo não só tornar-se livre de combustíveis fósseis, mas também neutra em termos climáticos até 2040, utilizando a captura e armazenamento de carbono (bioenergia).
Seattle (EUA)	Plano de ação climática de Seattle	O Plano de Ação Climática (PAC) de Seattle foi concebido através de um processo que envolveu os actores locais de Seattle, desde especialistas até ao público em geral. Os objectivos desenvolvidos abordam a redução das emissões de gases com efeito de estufa provenientes dos transportes, da utilização dos solos, da energia dos edifícios e da eliminação de resíduos, bem como a resiliência aos impactos das alterações climáticas. A cidade está particularmente atenta ao reforço da equidade através das suas acções climáticas, incluindo as populações mais vulneráveis, e à orientação e envolvimento dos cidadãos em acções colectivas, através da sensibilização e da criação de quadros de planeamento e monitorização.
Lovaina (Bélgica)	Roteiro de Lovaina 2030 para um	O roteiro orienta a cidade de Lovaina em várias etapas para alcançar a neutralidade climática, visando a habitação, os serviços urbanos, a

	futuro neutro em termos de clima	mobilidade, o consumo, a produção local de energia renovável, a resiliência urbana, a governação, a colaboração dos intervenientes locais e a partilha de conhecimentos e inovação. Estas ambições são frequentemente transversais e exigem esforços especiais em termos de governação, justiça social, participação dos cidadãos e financiamento de iniciativas.
Paris (França)	Plano de ação climática de Paris	O Plano de Ação Climática de Paris estabelece os objectivos da cidade para 2030 e a ambição para 2050, no sentido de uma cidade resiliente, inclusiva, neutra em carbono e com 100% de energias renováveis. Este roteiro envolveu diversas partes interessadas num amplo processo de colaboração através de debates, conferências, propostas e recomendações dos cidadãos. Abrange os sectores da mobilidade, dos edifícios, do planeamento urbano, da energia e dos resíduos, nomeadamente com a estratégia de resíduos zero. É dada especial atenção ao sistema alimentar, nomeadamente aos resíduos alimentares, a fim de garantir uma alimentação sustentável e saudável a todos os residentes.
Vancouver (Canadá)	Plano de Ação Vancouver 2020	Com a ambição de se tornar a cidade mais ecológica, o município de Vancouver elaborou um plano de ação para promover a economia, os edifícios e os transportes ecológicos, uma estratégia de resíduos zero, uma aspiração a uma pegada ecológica mais leve que envolva os residentes e uma coordenação do sistema alimentar. O desenvolvimento de várias parcerias com a comunidade local e outros actores e o enquadramento político também foram realizados para abandonar os combustíveis fósseis. Além disso, o acesso a áreas naturais para todos os residentes, a educação, a formação e os serviços de reforço de capacidades, bem como a defesa da alimentação local, da água potável e do ar, figuram significativamente no roteiro.
Copenhaga (Dinamarc a)	Plano climático de Copenhaga 2025	O roteiro de Copenhaga inclui objectivos quantitativos específicos para as principais áreas do plano climático, a fim de alcançar a neutralidade carbónica até 2025, incluindo a redução do consumo de energia, uma produção de energia mais eficiente orientada para as fontes de energia renováveis, a mobilidade ecológica e as iniciativas ambientais da administração municipal. Para concretizar estas ambições, o município e os habitantes são

		incluídos nas iniciativas climáticas através da copropriedade e da participação ativa, e é dada atenção à economia e aos investimentos.
Berlim (Alemanha)	Berlim 2050 com impacto neutro no clima	As recomendações para um Programa de Energia e Proteção Climática de Berlim (BEK) resultam de um processo participativo com diferentes opções para os cidadãos: um fórum, uma série de workshops e um diálogo urbano. Estes processos, que geraram múltiplas propostas, resultaram na versão final do BEK. O roteiro apresenta numerosas medidas para reduzir as emissões de gases com efeito de estufa, em torno de 5 domínios de ação: energia, edifícios e desenvolvimento urbano, economia, tráfego, agregados familiares e consumo. O aspeto social é especialmente importante para o município, consistindo na comunicação e educação da população para promover um comportamento consciente do clima, a eficiência e a suficiência.
Cidade do Cabo (África do Sul)	Plano de Ação da Cidade do Cabo para a Energia e as Alterações Climáticas	No seu plano de ação, o município da Cidade do Cabo não só está interessado em aumentar a segurança energética da cidade, visando a eficiência dos recursos, um sistema de transportes sustentável e a resiliência ao impacto das alterações climáticas, em especial para as comunidades vulneráveis, como também está ativamente empenhado em sensibilizar os seus cidadãos e promover uma mudança de comportamento mais respeitadora do ambiente através da comunicação e da educação.
Lisboa (Portugal)	Plano de Ação Climática de Lisboa	O Plano de Ação para a Energia Sustentável e o Clima de Lisboa descreve os objectivos de mitigação e adaptação climática da cidade. Inclui estruturas e organizações de coordenação, capacitação de recursos humanos, participação das partes interessadas locais, processos de financiamento e monitorização, ordenamento do território, saúde, qualidade do ar e da água, ambiente e biodiversidade, transportes, gestão de resíduos, energia e agricultura.
Buenos Aires (Argentina)	Plano de Ação Climática Buenos Aires 2050	Buenos Aires propõe um plano de ação para apoiar a eficiência e as baixas emissões em edifícios, transportes públicos e sistemas de energia, recursos naturais, promoção de veículos não motorizados, economia circular e tratamento de resíduos. O município promove a educação ambiental, a alimentação sustentável e os bairros integrados e tem como objetivo melhorar a saúde e a qualidade do ar. Além disso, o plano

		pretende reduzir as desigualdades socioeconómicas, especialmente no que diz respeito às consequências das alterações climáticas.
Roma (Itália)	Estratégia de resiliência de Roma	A estratégia de resiliência de Roma inclui uma visão que coloca os cidadãos no centro das suas estruturas de administração, governação e participação. A estratégia de resiliência de Roma visa promover o património cultural, histórico e natural da cidade, melhorando a segurança da cidade e a adaptação aos efeitos das alterações climáticas, bem como apoiar a integração social das populações vulneráveis e a utilização de fontes de energia renováveis, a mobilidade sustentável e a economia circular sem resíduos.
Sófia (Bulgária)	Plano de ação para a cidade verde de Sófia	O plano de ação para uma Sofia verde visa os sectores da energia, em particular a energia geotérmica e o planeamento urbano. Fá-lo para garantir o acesso a espaços verdes para todos os habitantes, a gestão de resíduos e a eficiência energética nas habitações, a melhoria do sistema hídrico, a resiliência às alterações climáticas e, por último, os transportes sustentáveis, incluindo percursos de bicicleta e a pé. O município apoia estes objectivos através do investimento em projectos e do apoio a medidas políticas, iniciativas de reforço das capacidades e iniciativas de sensibilização do público.
Atenas (Grécia)	Estratégia de Resiliência de Atenas para 2030	A estratégia de resiliência de Atenas centra-se na governação, na comunicação e na colaboração com os residentes, bem como na identidade da cidade e no bem-estar da população. A estratégia para Atenas inclui vários sectores, como a economia, apoiando o emprego, o planeamento urbano e o ambiente, valorizando a natureza, a mobilidade sustentável, a alimentação sustentável e o sistema energético sustentável.
Rio de Janeiro (Brasil)	Plano de Desenvolvimento Sustentável e Ação Climática da Cidade do Rio de Janeiro	O plano surgiu de um processo participativo e de debates que envolveram vários actores da cidade do Rio de Janeiro. Em conjunto, as várias partes interessadas trabalharam na integração do planeamento municipal com os Objectivos de Desenvolvimento Sustentável da ONU, na procura da neutralidade das emissões de gases com efeito de estufa e na adaptação aos efeitos das alterações climáticas. Essas missões serão alcançadas por meio da inovação, da refundação da governança pública para superar os desafios locais, como a redução da pobreza, da fome, da

		mortalidade materna, infantil e da violência, e da assistência às populações vulneráveis. Este plano serve de guia para a oferta e a melhoria da habitação, do emprego, dos transportes públicos, dos espaços públicos seguros e conviviais, dos serviços de saúde e de educação.
Helsínquia (Finlândia)	Roteiro de Helsínquia para a economia circular e de partilha	Os progressos nas acções do roteiro implementadas pela cidade de Helsínquia são monitorizados pelas ferramentas utilizadas para o plano de ação Helsínquia neutra em carbono 2035. Os sectores visados pelo roteiro são os objectivos de eficiência energética e de economia circular na construção, nos contratos públicos, no tratamento de resíduos verdes, na economia de partilha e nas novas empresas. Para apoiar estes objectivos, será dada especial atenção à educação, comunicação, utilização dos solos e planeamento através de um conjunto de objectivos específicos e mensuráveis.
Cidades nos EUA, China, Alemanha e Polónia	Roteiros da Aliança para as Transições Urbanas	Este documento reúne as perspectivas de onze roteiros de transição de cidades dos EUA, China, Alemanha e Polónia. As iniciativas das cidades estão ordenadas de acordo com os seus sectores de transição, nomeadamente infra-estruturas, energia, mobilidade e transições sociais. Entre outras, a cidade de Katowice, na Polónia, tem vindo a desenvolver um processo para a transição do sector das infra-estruturas.
Praga (República Checa)	Plano Climático de Praga 2030	Em 2021, Praga assinou o seu Plano Climático com o objetivo de reduzir as emissões de CO2 da cidade até 2030. Para o efeito, são visados quatro sectores principais, nomeadamente a energia e os edifícios sustentáveis, com apoio à eficiência energética e às comunidades de energias renováveis; a mobilidade sustentável, através da criação de um sistema de transportes sustentável e de uma rede de estações de carregamento para carros eléctricos; a economia circular, facilitando a reciclagem e a triagem; e as medidas de adaptação, por exemplo, aumentando o verde na cidade.
Budapeste (Hungria)	Plano de ação de Budapeste para a energia sustentável e o clima	A Assembleia de Cidadãos para o Clima de Budapeste é uma iniciativa democrática participativa que contribuiu para o desenvolvimento da estratégia climática da cidade. A estratégia visa reduzir as emissões através da renovação, da redução do tráfego automóvel, da promoção de transportes com baixas emissões, da utilização de energias renováveis, do aumento das áreas naturais

		protegidas e das zonas de baixas emissões. Os cidadãos participaram ativamente na recomendação de medidas como a criação de uma plataforma de diálogo público, fundos financeiros para melhorar os edifícios, o lançamento de uma campanha mediática e de sensibilização, incentivos e comunicação sobre a utilização das águas pluviais.
Cidade do México (México)	Cidade do México: Impulsionar a mudança com a tomada de decisões baseada em dados	Esta estratégia para a Cidade do México explora os desafios e oportunidades enfrentados pela cidade do México em termos dos sectores ambiental, social e económico associados aos impactos das alterações climáticas. Para enfrentar estes problemas complexos, é necessária a colaboração entre vários organismos de governação relacionados com o ambiente, a mobilidade e a saúde pública. Os processos de tomada de decisão podem ser enriquecidos pela partilha de conhecimentos e de exemplos de boas práticas com outras cidades. Estas decisões conduzem depois à aplicação de medidas relacionadas com os transportes, a segurança da água, os projectos locais de energias renováveis, as desigualdades sociais e a proteção do ambiente.
Oxford (REINO UNIDO)	Parceria Carbono Zero de Oxford	Promovendo a colaboração, o envolvimento e a contribuição dos seus parceiros nos sectores doméstico, comercial, industrial, institucional e dos transportes, Oxford desenvolveu um modelo de cenário que alimenta os roteiros de descarbonização para cada um dos cinco sectores e um plano de ação para atingir emissões líquidas nulas até 2040. As características notáveis são a estrutura do desenvolvimento do plano de ação, que é primeiro de cima para baixo com base no cenário e nos roteiros, depois de baixo para cima através da análise das partes interessadas e, finalmente, híbrido com workshops sectoriais e sessões de co-design. Os roteiros sectoriais estruturam as acções a realizar para alcançar as ambições da cidade.
Recife (Brasil)	Plano de Ação Climática Local da Cidade do Recife	O Plano de Ação Climática do Recife tem como objetivo acelerar a descarbonização e aumentar a adaptação da cidade às mudanças climáticas nas áreas de energia, saneamento, mobilidade e resiliência. Estes objectivos são definidos através de workshops e debates com as partes interessadas municipais, os principais accionistas e a sociedade civil. O roteiro baseia-

		se em três pilares: justiça climática orientada para a participação, capacitação e cooperação da comunidade; soluções baseadas na natureza para proteger, recuperar e gerir os ecossistemas e a resiliência da cidade; e economia verde e sustentável.
Edimburgo (Reino Unido)	Plano para uma Edimburgo Sustentável e Alimentar 2014-2020	No seguimento do quadro Edimburgo Sustentável 2020, foi criado um grupo diretor intersectorial de representantes dos sectores público, privado e terceiro sector. O Plano Municipal de Alimentação Sustentável de Edimburgo tem como objetivo disponibilizar alimentos saudáveis e sustentáveis a todos, em especial aos que vivem em situação de pobreza alimentar. A ênfase numa economia alimentar mais justa e na produção e distribuição locais de alimentos tem também um impacto na proteção do ambiente e dos recursos naturais, reduzindo as emissões de gases com efeito de estufa. A iniciativa liderada pela comunidade estabelece objectivos e acções concretos para desenvolver uma estratégia alimentar inovadora, integrada, justa e envolvente para a cidade.
Oslo (Noruega)	Estratégia climática e energética para Oslo	A cidade de Oslo está empenhada em alcançar a neutralidade climática, desenvolvendo e implementando soluções climáticas em conjunto com os cidadãos, empresas, instituições de conhecimento, organizações e outras autoridades públicas, através de acções para reduzir as emissões no desenvolvimento urbano e nos transportes, energia, edifícios, utilização de recursos e governação climática. É também dada atenção à captura e armazenamento de carbono.
Dakar (Senegal)	Envolvimento cívico e governação participativa na ação climática	O planeamento participativo da ação climática foi estruturado pela cidade para sustentar a participação e o envolvimento dos cidadãos e para enfrentar diversos desafios, como as alterações climáticas e a pobreza. A cidade concentra-se na comunicação, no apoio institucional para a realização das activitades do Plano de Ação para o Clima e a Energia e na organização de consultas públicas para desenvolver acções. A ênfase é colocada em iniciativas de base e na inclusão das principais partes interessadas da cidade, como artistas, cidadãos e outros actores locais.

6.3. Referências

[1].	Jeffrey, H., Sedgwick, J., Robinson, C. (2013). Technology roadmaps: An

avaliação do seu sucesso no sector das energias renováveis. As tecnologias

Forecasting and Social Change 80(5):1015-1027.

DOI: 10.1016/j.techfore.2012.09.016

[2].	McGrail, S. (2014). Uma revisão dos roteiros de transição para uma economia de carbono zero

ambiente construído na Austrália. Documento de trabalho para o projeto Visions & Pathways

projeto.

[3].	Silvestri, G. e Maynard-Vallat, L. (2022) D2.2: Repositório de dados notáveis

roteiros de transição. Resultados da transição para a transição multi-stakehOldeRs

Roteiros com os cidadãos no centro.

Capítulo (7)
Problemas de armazenamento de energia

7.1. Prefácio

Prevê-se que o potencial do mercado global de armazenamento de energia seja superior a 100 mil milhões de dólares até 2024. O principal benefício ambiental das aplicações da nova tecnologia de armazenamento de energia será a eliminação dos gases com efeito de estufa através da substituição da produção de diesel/combustíveis fósseis por energia renovável fiável. A redução das emissões seria da ordem de 1 milhão de toneladas de CO_2/ano por cada 1 GW de sistemas totais instalados. As fontes de energia renováveis fora da rede utilizam normalmente sistemas de armazenamento de energia em baterias para fornecer energia quando não há sol ou vento; no entanto, o armazenamento em baterias só pode fornecer algumas horas de capacidade devido ao seu custo proibitivo. Por conseguinte, os geradores a gasóleo continuam a ser muito utilizados quando não há sol ou vento durante mais do que um período noturno.

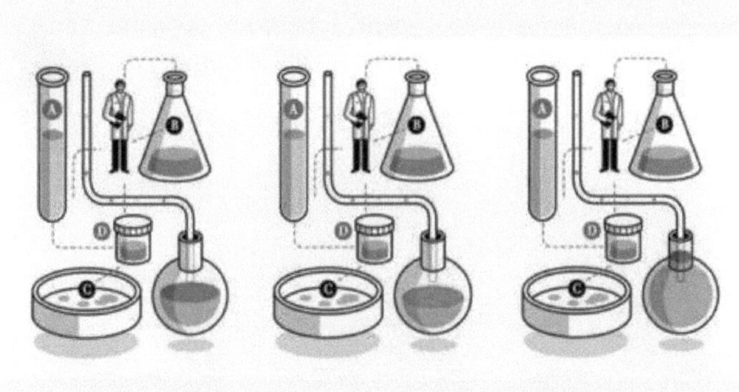

Problemas de armazenamento de energia

As tecnologias de armazenamento de energia para aplicações eléctricas atingiram vários níveis de maturidade técnica e económica no mercado. No que respeita ao armazenamento na rede, os desafios incluem eficiências de ida e volta que variam entre menos de 30% e mais de 90%. As perdas de eficiência representam um compromisso entre o aumento do custo da eletricidade transportada através do armazenamento e o aumento do valor de uma maior capacidade de despacho e de outros serviços para a rede. O custo de capital de muitas tecnologias de armazenamento na rede é também muito elevado em relação às alternativas convencionais, como as centrais eléctricas a gás, que podem ser construídas rapidamente e são vistas como um investimento de baixo risco tanto pelos serviços públicos regulamentados como pelos produtores independentes de energia. As estruturas de mercado existentes no sector elétrico podem também subvalorizar os muitos serviços que o armazenamento de eletricidade pode prestar. No que respeita à armazenagem para transportes, os principais desafios actuais são a disponibilidade limitada e os elevados custos dos veículos eléctricos a bateria e a hidrogénio. Outros desafios são os novos requisitos em termos de infra-estruturas, em especial para o hidrogénio, que exige novas infra-estruturas de distribuição e abastecimento, enquanto os veículos eléctricos a bateria estão limitados em termos de autonomia e tempos de carregamento, especialmente quando comparados com os veículos convencionais a gasolina. As baterias recarregáveis incluem as de iões de lítio, chumbo-ácido, níquel-cádmio, níquel-hidreto metálico, enxofre de sódio (NGK), bateria de iões de sódio (Aquion Energy) e metal fundido (Ambri). Entre elas, as baterias de chumbo-ácido e de lítio são as mais populares e constituem atualmente mais de 81% das novas instalações de armazenamento de energia no mundo. A maioria destas instalações destina-se a aplicações de curta duração (de alguns minutos a algumas horas) relacionadas com o apoio à energia. As baterias utilizadas para aplicações de curta duração são económicas e oferecem um valor real aos utilizadores.

7.2. Armazenamento de energia de longa duração

Atualmente, as necessidades de armazenamento de energia de longa duração existem no mercado fora da rede e são mais frequentemente supridas por geradores a gasóleo, que são dispendiosos e difíceis de operar. Além disso, constituem uma preocupação ambiental significativa, uma vez que emitem gases com efeito de estufa e contaminam o solo. A utilização de fontes de energia renováveis é uma estratégia importante para atenuar as alterações climáticas. Por exemplo, na Alemanha, frequentemente considerada como líder na utilização de fontes de energia renováveis variáveis, o governo planeia aumentar a percentagem de energias renováveis no consumo bruto de eletricidade para, pelo menos, 80% até 2050, em comparação com 36% em 2017 e apenas cerca de 3% no início da década de 1990 (Ministério Federal dos Assuntos Económicos e da Energia, 2018). Para colmatar esta lacuna, é necessária uma expansão maciça da energia eólica e solar.

Armazenamento de baterias a nível residencial.

O armazenamento de baterias a nível residencial permite uma maior autossuficiência e independência em termos de eletricidade, utilizando a eletricidade gerada pela energia solar doméstica. Pode também ajudar a aliviar as restrições de capacidade da rede local. Isto é conseguido através da utilização do armazenamento para alinhar a procura de eletricidade do utilizador com a produção solar. Em algumas partes do mundo, como a Alemanha e a Califórnia, foram instalados muitos sistemas solares familiares e o armazenamento de energia é agora considerado essencial. Este alinha as necessidades dos utilizadores, a produção solar e as restrições da rede, ao mesmo tempo que proporciona um valor económico real aos proprietários dos sistemas de energia solar. Ao verem esta oportunidade, os governos e as empresas estão a tomar medidas; por exemplo, os governos da Alemanha e da Califórnia têm políticas de incentivo para promover a utilização de armazenamento de energia nas habitações. Espera-se que muitos outros governos sigam o exemplo; e, mais notavelmente, a Tesla entrou no mercado do armazenamento doméstico de energia com o seu produto Power-wall. O mercado da energia solar ligada à rede e do armazenamento de energia ultrapassará os mil milhões de dólares em 2018, de acordo com o último relatório da GTM Research.

Se não houver uma mobilização sociopolítica inesperada à escala da Segunda Guerra Mundial, é provável que a transição para as energias limpas seja feita de forma muito lenta. Isto coloca o desafio sob uma luz diferente. Obriga-nos a lidar com o sistema tal como ele existe atualmente, com todos os seus operadores históricos entrincheirados, custos irrecuperáveis e inércia comportamental. E obriga-nos a confrontar os compromissos entre os nossos ideais e as realidades políticas, compromissos que não podem ser ignorados com invocações rituais de "vontade política". As energias solar e eólica são altamente variáveis; por isso, uma tecnologia de armazenamento estacionário económica, flexível, amiga do ambiente e de longa duração permitiria uma penetração elevada e, eventualmente, total da produção de energias renováveis. No entanto, as actuais tecnologias de armazenamento de energia são inadequadas para fornecer esse tipo de armazenamento. As tecnologias baseadas em dispositivos, como as baterias, as baterias de semi-caudal, os condensadores e os volantes de inércia, só são capazes de fornecer armazenamento de energia de forma económica para curtas durações (não mais de algumas horas). As tecnologias baseadas em materiais, como as centrais hidroeléctricas por bombagem e as centrais de ar comprimido, podem fornecer energia durante longos períodos, mas estão geograficamente limitadas e têm de ser construídas em grande escala para justificar o seu investimento inicial.

Um catalisador que pode aumentar significativamente qualquer estimativa da dimensão do mercado é o desenvolvimento na China. O desenvolvimento do mercado solar na China tem sido rápido nos últimos anos, de tal forma que a capacidade solar total era de 43,2 gigawatts no final de 2015, ultrapassando a Alemanha como o país com a maior capacidade solar instalada. Tal como o mercado da eletricidade solar nos primeiros anos na China, espera-se que o mercado do armazenamento de energia expluda quando as políticas governamentais estiverem em vigor. À medida que os veículos eléctricos e híbridos se tornam um produto de consumo comum e continuam a ganhar cada vez mais quota de mercado em relação aos automóveis tradicionais, a necessidade de uma infraestrutura de carregamento robusta torna-se cada vez mais evidente. Enquanto as grandes cidades têm normalmente centenas de estações de carregamento de veículos eléctricos nos seus centros metropolitanos e nas suas imediações, as longas auto-estradas que atravessam o país em locais fora da rede, como nos desertos do Arizona e no norte do Canadá, não dispõem atualmente do número adequado de estações de carregamento para acomodar a procura crescente de veículos eléctricos. Atualmente, as estações de carregamento fora da rede não são viáveis porque não existe tecnologia de armazenamento que possa fornecer um sistema deste tipo de forma económica.

a ligação à rede é também extremamente dispendiosa.

7.3. Operações mineiras

Muitas operações mineiras necessitam de centrais eléctricas fora da rede nas minas para satisfazer as suas necessidades energéticas. Tradicionalmente, estas centrais têm sido alimentadas a gasóleo, mas a indústria mineira está interessada em soluções alternativas de energia limpa. Em 2018, o número de novos projectos de energias renováveis para minas foi o mais elevado de sempre. Impulsionadas pela economia das energias renováveis fiáveis e de baixo custo e pela realidade das fontes de energia tradicionais caras e intensivas em carbono, as empresas mineiras estão a começar a recorrer a soluções renováveis para reduzir as suas despesas com energia, que muitas vezes são a maior rubrica de despesas das suas operações. Estima-se que o gasto total das empresas mineiras em armazenamento de energia seja de 1,7 mil milhões de dólares até 2024. Muitas torres de telecomunicações já estão a funcionar com energia solar fora da rede, utilizando o armazenamento de baterias para obter energia durante a noite e em dias de chuva. No final de 2015, o mercado de sistemas de energia para torres de telecomunicações estava avaliado em 780 milhões de dólares e prevê-se que atinja os 3 mil milhões de dólares em 2025.

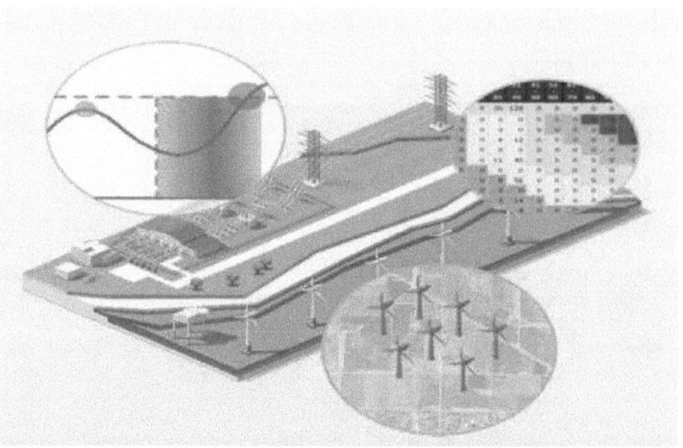

Mercado de sistemas de energia para torres de telecomunicações.

A rede eléctrica é um sistema complexo em que a oferta e a procura de energia devem ser iguais em qualquer momento. São necessários ajustamentos constantes da oferta para fazer face a alterações previsíveis da procura, como os padrões diários da atividade humana, bem como a alterações inesperadas decorrentes de sobrecargas de equipamentos e tempestades. O armazenamento de energia desempenha um papel importante neste ato de equilíbrio e ajuda a criar um sistema de rede mais flexível e fiável. Dado que algumas tecnologias de energias renováveis - como a eólica e a solar - têm uma produção variável, as tecnologias de armazenamento têm um grande potencial para suavizar o fornecimento de eletricidade a partir destas fontes e garantir que a oferta de produção corresponde à procura. Os EUA têm cerca de 23 gigawatts (GW) de capacidade de armazenamento, aproximadamente igual à capacidade de 38 centrais de carvão típicas. O armazenamento hidroelétrico por bombagem representa cerca de 96% desta capacidade total de armazenamento. As instalações de armazenamento emergentes permitir-nos-ão armazenar a energia produzida a partir de recursos eólicos e solares em períodos de tempo mais curtos para atenuar a variabilidade e em ciclos mais longos para substituir cada vez mais o combustível fóssil. Ao carregar as instalações de armazenamento com energia produzida a partir de fontes renováveis, podemos reduzir as nossas emissões de gases com efeito de estufa e a nossa dependência dos combustíveis fósseis. Com o apoio do governo e da indústria, as tecnologias de armazenamento de energia podem continuar a desenvolver-se e a expandir-se, ajudar na implantação crescente de fontes de energia renováveis variáveis e ajudar a armazenar uma quantidade cada vez maior de energia limpa e renovável no futuro. TOP Desafios para os sistemas de energia eólica e solar:

148

1) **Variabilidade:** Esta é a maior e mais incómoda.

2) **Incerteza:** A produção das centrais ERV não pode ser prevista com perfeita exatidão nas previsões para o dia seguinte e para o dia de hoje, pelo que os operadores de rede têm de manter uma reserva excedentária a funcionar por precaução.

3) **Especificidade da localização:** O sol e o vento são mais fortes (e, por conseguinte, mais económicos) em alguns locais do que noutros - e nem sempre em locais que possuem a infraestrutura de transmissão necessária para levar a energia até onde é necessária.

4) **Geração não-síncrona:** Os geradores convencionais fornecem suporte de tensão e controlo de frequência à rede. Os geradores VRE também o podem fazer, potencialmente, mas trata-se de um investimento de capital adicional.

5) **Baixo fator de capacidade:** As centrais ERV só funcionam quando o sol ou o vento colaboram.

Baixo fator de capacidade.

Embora haja uma quantidade significativa de oportunidades no mercado fora da rede, o mercado muito maior e de crescimento mais rápido é o mercado na rede, especificamente para o equilíbrio das energias renováveis. À medida que os níveis de penetração das energias renováveis se tornam mais elevados, haverá um aumento exponencial da necessidade de armazenamento de longa duração para garantir que a oferta de energia satisfaz a procura. Estados como o Havai e a Califórnia já estabeleceram os seus caminhos para 100% de energias renováveis, ambos até 2045, e estes mercados oferecem uma perspetiva da importância real deste mercado. Um estudo publicado na revista MIT Technology Review mostrou que a Califórnia precisará de vinte vezes (20x) os seus actuais 150 000 MWh de armazenamento de energia até 2020, quando atingir o seu objetivo de 50% de energias renováveis. Mais surpreendente ainda é o facto de prever que o estado necessitará de quatro mil vezes (4.000 vezes) o armazenamento existente, ou 36 milhões de MWh, até 2045, quando as energias renováveis representarem 100% do sistema energético.

Capítulo (8)
Rede inteligente

8.1. Prefácio

A rede inteligente é uma melhoria da rede eléctrica do século XX, que utiliza comunicações bidireccionais e dispositivos distribuídos ditos inteligentes [1]. Os fluxos bidireccionais de eletricidade e informação podem melhorar a rede de distribuição. A investigação centra-se principalmente em três sistemas de uma rede inteligente - o sistema de infra-estruturas, o sistema de gestão e o sistema de proteção [2]. O condicionamento eletrónico da energia e o controlo da produção e distribuição de eletricidade são aspectos importantes da rede inteligente [3].

A rede inteligente representa o conjunto completo de respostas actuais e propostas aos desafios do fornecimento de eletricidade. Prevêem-se numerosos contributos para a melhoria global da eficiência da infraestrutura energética com a implantação da tecnologia das redes inteligentes, incluindo, em particular, a gestão da procura. A maior flexibilidade da rede inteligente permite uma maior penetração de fontes de energia renováveis altamente variáveis, como a energia solar e a energia eólica, mesmo sem a adição de armazenamento de energia. As redes inteligentes podem também monitorizar/controlar dispositivos residenciais que não são críticos durante os períodos de pico de consumo de energia e restabelecer a sua função durante as horas de menor consumo [4]. Uma rede inteligente inclui uma variedade de medidas operacionais e energéticas:

- Infraestrutura de contagem avançada (sendo os contadores inteligentes um nome genérico para qualquer dispositivo do lado dos serviços públicos, mesmo que tenha mais capacidade, por exemplo, um router de fibra ótica)
- Quadros de distribuição e disjuntores inteligentes integrados e resposta à procura (atrás do contador na perspetiva dos serviços públicos)
- Interruptores de controlo de carga e aparelhos inteligentes, frequentemente financiados por ganhos de eficiência em programas municipais (por exemplo, financiamento PACE)
- Recursos energéticos renováveis, incluindo a capacidade de carregar baterias (de veículos eléctricos) estacionadas ou conjuntos

maiores de baterias recicladas a partir destas, ou outro tipo de armazenamento de energia.
- Recursos energéticos eficientes
- Distribuição de excedentes eléctricos por linhas eléctricas e interrutor auto-smart
- Banda larga de fibra de grau utilitário suficiente para ligar e monitorizar os elementos acima referidos, com ligação sem fios como reserva. Capacidade sobresselente suficiente, se "escura", para assegurar o "fail-over", frequentemente alugada para obter receitas [5, 6].

Rede inteligente.

As preocupações com a tecnologia das redes inteligentes centram-se sobretudo nos contadores inteligentes, nos elementos por eles activados e nas questões gerais de segurança. A implantação da tecnologia das redes inteligentes implica também uma reengenharia fundamental do sector dos serviços de eletricidade, embora a utilização típica do termo se centre na infraestrutura técnica [7].

A política relativa às redes inteligentes está organizada na Europa como Plataforma Tecnológica Europeia para as Redes Inteligentes [8]. A política nos Estados Unidos está descrita no 42 U.S.C. ch. 152, subch. IX § 17381.

8.2. Antecedentes
8.2.1. Evolução histórica da rede eléctrica

O primeiro sistema de rede eléctrica de corrente alternada foi instalado em 1886 em Great Barrington, Massachusetts[9]. Nessa altura, a rede era um sistema centralizado unidirecional de transmissão de energia eléctrica, distribuição de eletricidade e controlo da procura.

No século XX, as redes locais cresceram ao longo do tempo e acabaram por ser interconectadas por razões económicas e de fiabilidade. Na década de 1960, as redes eléctricas dos países desenvolvidos tinham-se tornado muito grandes, maduras e altamente interligadas, com milhares de centrais de produção "centrais" que forneciam energia aos principais centros de carga através de linhas de alta capacidade que eram depois ramificadas e divididas para fornecer energia a pequenos utilizadores industriais e domésticos em toda a área de abastecimento. A topologia da rede dos anos 60 resultou das fortes economias de escala: as grandes centrais eléctricas alimentadas a carvão, gás e petróleo, na escala de 1 GW (1000 MW) a 3 GW, continuam a ser consideradas rentáveis, devido a características de aumento da eficiência que só podem ser rentáveis quando as centrais se tornam muito grandes.

As centrais eléctricas estavam estrategicamente localizadas perto das reservas de combustíveis fósseis (quer nas minas ou nos poços, quer nas linhas de abastecimento ferroviárias, rodoviárias ou portuárias). A localização de barragens hidroeléctricas em zonas montanhosas também influenciou fortemente a estrutura da rede emergente. As centrais nucleares foram localizadas em função da disponibilidade de água de arrefecimento. Por último, as centrais eléctricas alimentadas a combustíveis fósseis eram inicialmente muito poluentes e foram instaladas tão longe quanto economicamente possível dos centros populacionais, quando as redes de distribuição de eletricidade o permitiam. No final da década de 1960, a rede eléctrica chegava à esmagadora maioria da população dos países desenvolvidos, sendo que apenas as zonas regionais periféricas permaneciam "fora da rede".

A contagem do consumo de eletricidade era necessária por utilizador, a fim de permitir uma faturação adequada de acordo com o nível de consumo (altamente variável) dos diferentes utilizadores. Devido à limitada capacidade de recolha e processamento de dados durante o período de crescimento da rede, foram normalmente aplicados regimes de tarifa fixa, bem como regimes de tarifa dupla, em que a energia nocturna era cobrada a uma taxa inferior à da energia diurna. A motivação para os acordos de tarifa dupla era a menor procura nocturna. As tarifas duplas tornaram possível a utilização de energia eléctrica nocturna de baixo custo em aplicações como a manutenção de "bancos de calor" que serviam para "suavizar" a procura diária e reduzir o número de turbinas que precisavam de ser desligadas durante a noite, melhorando assim a utilização e a rentabilidade das instalações de produção e transporte. As capacidades de medição da rede dos anos 60 implicavam limitações tecnológicas quanto ao grau de propagação dos sinais de preço através do sistema.

Entre os anos 70 e os anos 90, a procura crescente levou a um aumento do número de centrais eléctricas. Em algumas zonas, o fornecimento de eletricidade, especialmente nas horas de ponta, não conseguia acompanhar esta procura, o que resultava numa má qualidade da energia, incluindo apagões, cortes de energia e falhas de corrente. Cada vez mais, a eletricidade é utilizada na indústria, no aquecimento, nas comunicações, na iluminação e no entretenimento, e os consumidores exigem níveis de fiabilidade cada vez mais elevados.

No final do século XX, os padrões de procura de eletricidade foram estabelecidos: o aquecimento doméstico e o ar condicionado conduziram a picos diários de procura que foram satisfeitos por uma série de "geradores de energia de pico" que só eram ligados durante curtos períodos por dia. A utilização relativamente baixa destes geradores de pico (normalmente eram utilizadas turbinas a gás devido ao seu custo de capital relativamente mais baixo e tempos de arranque mais rápidos), juntamente com a redundância necessária na rede eléctrica, resultou em custos elevados para as empresas de eletricidade, que foram repercutidos sob a forma de tarifas mais elevadas.

No século XXI, alguns países em desenvolvimento, como a China, a Índia e o Brasil, foram considerados pioneiros na implantação de redes inteligentes [10].

8.3. Oportunidades de modernização

Desde o início do século XXI, tornaram-se evidentes as oportunidades de tirar partido das melhorias na tecnologia das comunicações electrónicas para resolver as limitações e os custos da rede eléctrica. As limitações tecnológicas dos contadores já não obrigam a calcular a média dos preços dos picos de energia e a repercuti-los igualmente em todos os consumidores. Paralelamente, a crescente preocupação com os danos ambientais causados pelas centrais eléctricas alimentadas a combustíveis fósseis levou a um desejo de utilizar grandes quantidades de energia renovável. As formas dominantes, como a energia eólica e a energia solar, são altamente variáveis, pelo que se tornou evidente a necessidade de sistemas de controlo mais sofisticados, para facilitar a ligação das fontes à rede, que de outra forma seria altamente controlável [11]. A energia das células fotovoltaicas (e, em menor grau, das turbinas eólicas) também pôs em causa, de forma significativa, a necessidade de grandes centrais eléctricas centralizadas. A rápida descida dos custos aponta para uma grande mudança da topologia da rede centralizada para uma topologia altamente distribuída, com a energia a ser produzida e consumida diretamente nos limites da rede. Por último, a crescente preocupação com os ataques terroristas em alguns países levou a apelos para uma rede de energia mais robusta e menos dependente de centrais eléctricas centralizadas, consideradas potenciais alvos de ataque [12].

8.4. Definição de "Smart-grid" (rede inteligente)
8.4.1. Estados Unidos

A primeira definição oficial de Smart Grid foi dada pelo Energy Indepen-dence and Security Act of 2007 (EISA-2007), que foi aprovado pelo Congresso dos EUA em janeiro de 2007 e assinado pelo Presidente George W. Bush em dezembro de 2007. O título XIII deste projeto de lei apresenta uma descrição, com dez características, que pode ser considerada uma definição de Smart Grid, como se segue: "É política dos Estados Unidos apoiar a modernização do sistema de transmissão e distribuição de eletricidade da Nação para manter uma infraestrutura de eletricidade fiável e segura que possa satisfazer o crescimento futuro da procura e alcançar cada uma das seguintes características, que em conjunto caracterizam uma Smart Grid:

- Aumento da utilização da tecnologia digital de informação e controlo para melhorar a fiabilidade, a segurança e a eficiência da rede eléctrica.
- Otimização dinâmica das operações e recursos da rede, com total cibersegurança.

- Implantação e integração de recursos e produção distribuídos, incluindo recursos renováveis.
- Desenvolvimento e incorporação da resposta à procura, recursos do lado da procura e recursos de eficiência energética.
- Implantação de tecnologias "inteligentes" (tecnologias em tempo real, automatizadas e interactivas que optimizam o funcionamento físico de aparelhos e dispositivos de consumo) para contagem, comunicações relativas ao funcionamento e estado da rede e automatização da distribuição.
- Integração de aparelhos e dispositivos de consumo "inteligentes".
- Implantação e integração de tecnologias avançadas de armazenamento de eletricidade e de redução dos picos de consumo, incluindo veículos eléctricos e híbridos plug-in e ar condicionado com armazenamento térmico.
- Disponibilização aos consumidores de informações e opções de controlo em tempo útil. Desenvolvimento de normas para a comunicação e interoperabilidade de aplicações e equipamentos ligados à rede eléctrica, incluindo a infraestrutura que serve a rede.
- Identificação e redução de barreiras irrazoáveis ou desnecessárias à adoção de tecnologias, práticas e serviços de redes inteligentes".

8.5. União Europeia

A Task Force da Comissão Europeia para as redes inteligentes também dá a definição de rede inteligente [13-15]: "Uma rede inteligente é uma rede de eletricidade capaz de integrar, de forma rentável, o comportamento e as acções de todos os utilizadores a ela ligados - produtores, consumidores e aqueles que fazem ambas as coisas - a fim de assegurar um sistema de energia economicamente eficiente e sustentável, com baixas perdas e elevados níveis de qualidade e segurança do aprovisionamento e de segurança. Uma rede inteligente utiliza produtos e serviços inovadores, juntamente com tecnologias inteligentes de monitorização, controlo, comunicação e auto-cura, a fim de

- Facilitar melhor a ligação e o funcionamento de geradores de todas as dimensões e tecnologias.
- Permitir que os consumidores participem na otimização do funcionamento do sistema.
- Fornecer aos consumidores mais informações e opções sobre a forma como utilizam o seu abastecimento.

- Reduzir significativamente o impacto ambiental de todo o sistema de fornecimento de eletricidade.
- Manter ou mesmo melhorar os actuais níveis elevados de fiabilidade, qualidade e segurança do aprovisionamento do sistema.
- Manter e melhorar os serviços existentes de forma eficiente".

Esta definição foi utilizada na Comunicação da Comissão Europeia (2011) 202 [16].

Um elemento comum à maioria das definições é a aplicação do processamento digital e das comunicações à rede eléctrica, tornando o fluxo de dados e a gestão da informação centrais para a rede inteligente. Várias capacidades resultam da utilização profundamente integrada da tecnologia digital com as redes eléctricas. A integração da nova informação da rede é uma das questões-chave na conceção das redes inteligentes. As empresas de eletricidade encontram-se atualmente a fazer três tipos de transformações: melhoria da infraestrutura, designada por rede forte na China; adição da camada digital, que é a essência da rede inteligente; e transformação do processo empresarial, necessária para capitalizar os investimentos em tecnologia inteligente. Grande parte do trabalho que tem vindo a ser desenvolvido na modernização da rede eléctrica, especialmente a automatização das subestações e da distribuição, está agora incluído no conceito geral de rede inteligente [17].

8.6. Primeiras inovações tecnológicas

As tecnologias de redes inteligentes surgiram de tentativas anteriores de utilização de controlo eletrónico, contagem e monitorização. Na década de 1980, a leitura automática dos contadores era utilizada para monitorizar as cargas dos grandes clientes e evoluiu para a Infraestrutura de Medição Avançada da década de 1990, cujos contadores podiam armazenar a forma como a eletricidade era utilizada em diferentes alturas do dia[18]. Os contadores inteligentes acrescentam comunicações contínuas para que a monitorização possa ser feita em tempo real e podem ser utilizados como porta de entrada para dispositivos sensíveis à resposta da procura e "tomadas inteligentes" em casa. As primeiras formas destas tecnologias de gestão da procura eram dispositivos dinâmicos que detectavam passivamente a carga na rede, monitorizando as alterações na frequência do fornecimento de energia. Dispositivos como aparelhos de ar condicionado industriais e domésticos, refrigeradores e aquecedores ajustavam o seu ciclo de funcionamento para evitar a ativação durante as horas em que a rede estava a sofrer um pico. A partir de 2000, o projeto italiano Telegestore foi o primeiro a ligar em rede um grande número de casas (27 milhões), utilizando contadores inteligentes ligados através de comunicações de baixa largura de banda com a rede eléctrica [19]. Algumas experiências utilizaram o termo "banda larga sobre linhas eléctricas" (BPL), enquanto outras utilizaram tecnologias sem fios, como as redes em malha, promovidas para ligações mais fiáveis a dispositivos díspares em casa, bem como para suportar a contagem de outros serviços públicos, como o gás e a água [11].

A monitorização e a sincronização de redes de área alargada foram revolucionadas no início da década de 1990, quando a Bonneville Power Administration expandiu a sua investigação sobre redes inteligentes com protótipos de sensores capazes de analisar muito rapidamente anomalias na qualidade da eletricidade em áreas geográficas muito vastas. O ponto culminante deste trabalho foi o primeiro Sistema de Medição de Área Ampla (WAMS) operacional em 2000 [20]. Outros países estão a integrar rapidamente esta tecnologia - a China começou a ter um WAMS nacional abrangente quando o último plano económico quinquenal foi concluído em 2012 [21].

As primeiras implantações de redes inteligentes incluem o sistema italiano Telegestore
(2005), a rede mesh de Austin, Texas (desde 2003), e a rede inteligente em Boulder, Colorado (2008). Ver § Implantações e tentativas de implantação abaixo.

8.7. Características

Uma rede inteligente permitiria ao sector da energia observar e controlar partes do sistema com maior resolução no tempo e no espaço [22]. Um dos objectivos da rede inteligente é o intercâmbio de informações em tempo real para tornar o funcionamento tão eficiente quanto possível. Permitiria a gestão da rede em todas as escalas temporais, desde os dispositivos de comutação de alta frequência numa escala de microssegundos, passando pelas variações da produção eólica e solar numa escala de minutos, até aos efeitos futuros das emissões de carbono geradas pela produção de energia numa escala de décadas.

A rede inteligente representa o conjunto completo de respostas actuais e propostas aos desafios do fornecimento de eletricidade. Devido à diversidade de factores, existem numerosas taxonomias concorrentes e não há acordo sobre uma definição universal. No entanto, apresenta-se aqui uma categorização possível.

8.8. Fiabilidade

A rede inteligente utiliza tecnologias como a estimativa de estado [23], que melhoram a deteção de falhas e permitem a auto-regeneração da rede sem a intervenção de técnicos. Deste modo, garante-se um fornecimento mais fiável de eletricidade e reduz-se a vulnerabilidade a catástrofes naturais ou ataques.

Embora as rotas múltiplas sejam apresentadas como uma caraterística da rede inteligente, a rede antiga também apresentava rotas múltiplas. As linhas eléctricas iniciais da rede foram construídas utilizando um modelo radial, mais tarde a conetividade foi garantida através de múltiplas rotas, designadas por estrutura de rede. No entanto, isto criou um novo problema: se o fluxo de corrente ou os efeitos relacionados em toda a rede excederem os limites de um determinado elemento da rede, este pode falhar e a corrente será desviada para outros elementos da rede, que eventualmente também podem falhar, causando um efeito dominó. Veja queda de energia. Uma técnica para evitar este fenómeno é a redução da carga através de um apagão contínuo ou de uma redução da tensão (brownout) [24, 25].

8.9. Flexibilidade na topologia da rede

A infraestrutura de transmissão e distribuição da próxima geração estará mais apta a lidar com possíveis fluxos de energia bidireccionais, permitindo a produção distribuída, como a partir de painéis fotovoltaicos nos telhados dos edifícios, mas também o carregamento de/para as baterias dos carros eléctricos, turbinas eólicas, energia hidroelétrica por bombagem, utilização de células de combustível e outras fontes.

As redes clássicas foram concebidas para um fluxo unidirecional de eletricidade, mas se uma sub-rede local gerar mais energia do que a que consome, o fluxo inverso pode levantar problemas de segurança e fiabilidade [26]. Uma rede inteligente tem por objetivo gerir estas situações [11].

8.10. Eficiência

Prevêem-se numerosos contributos para a melhoria global da eficiência das infra-estruturas energéticas com a implantação de tecnologias de redes inteligentes, nomeadamente a gestão da procura, por exemplo, desligando os aparelhos de ar condicionado durante picos de curto prazo no preço da eletricidade [27], reduzindo a tensão, sempre que possível, nas linhas de distribuição através da otimização da tensão/voltagem (VVO), eliminando as deslocações de camiões para a leitura dos contadores e reduzindo as deslocações de camiões através de uma melhor gestão das interrupções de serviço utilizando dados de sistemas de infra-estruturas de medição avançada. O efeito global é uma menor redundância nas linhas de transmissão e distribuição e uma maior utilização dos geradores, o que conduz a preços de eletricidade mais baixos.

8.11. Ajuste de carga/equilíbrio de carga

A carga total ligada à rede eléctrica pode variar significativamente ao longo do tempo. Embora a carga total seja a soma de muitas escolhas individuais dos clientes, a carga global não é necessariamente estável ou varia lentamente. Por exemplo, se começar um programa de televisão popular, milhões de televisores começarão a consumir corrente instantaneamente. Tradicionalmente, para responder a um aumento rápido do consumo de energia, mais rápido do que o tempo de arranque de um grande gerador, alguns geradores de reserva são colocados num modo de espera dissipativo. Uma rede inteligente pode avisar todos os televisores individuais, ou outro cliente de maior dimensão, para reduzir a carga temporariamente [28] (para dar tempo de arrancar um gerador de maior dimensão) ou continuamente (no caso de recursos limitados). Utilizando algoritmos matemáticos de previsão, é possível prever quantos geradores de reserva devem ser utilizados para atingir uma determinada taxa de falha. Na rede tradicional, a taxa de falha só pode ser reduzida à custa de mais geradores de reserva. Numa rede inteligente, a redução da carga, mesmo que seja de uma pequena parte dos clientes, pode eliminar o problema.

8.12. Redução/nivelamento de picos e preços de tempo de utilização

Para reduzir a procura durante os períodos de pico de utilização com custos elevados, as tecnologias de comunicação e de contagem informam os dispositivos inteligentes em casa e na empresa quando a procura de energia é elevada e controlam a quantidade de eletricidade utilizada e quando é utilizada. Também dão às empresas de serviços públicos a possibilidade de reduzir o consumo comunicando diretamente com os dispositivos, a fim de evitar sobrecargas no sistema. Um exemplo seria uma empresa de serviços públicos reduzir a utilização de um grupo de estações de carregamento de veículos eléctricos ou alterar os pontos de regulação da temperatura dos aparelhos de ar condicionado numa cidade [28]. Para os motivar a reduzir a utilização e realizar o que se designa por "peak curtailment" ou "peak leveling", os preços da eletricidade são aumentados durante os períodos de elevada procura e diminuídos durante os períodos de baixa procura [11]. Pensa-se que os consumidores e as empresas tenderão a consumir menos durante os períodos de elevada procura se for possível que os consumidores e os dispositivos de consumo estejam conscientes do elevado preço da eletricidade consumida nos períodos de ponta. Isto poderia significar fazer cedências, como ligar/desligar os aparelhos de ar condicionado ou pôr a máquina de lavar louça a funcionar às 21 horas em vez de às 17 horas.

8.13. Sustentabilidade

A maior flexibilidade da rede inteligente permite uma maior penetração de fontes de energia renováveis altamente variáveis, como a energia solar e a energia eólica, mesmo sem a adição de armazenamento de energia. A atual infraestrutura de rede não foi construída para permitir muitos pontos de alimentação distribuídos e, normalmente, mesmo que seja permitida alguma alimentação a nível local (distribuição), a infraestrutura a nível do transporte não a pode acomodar. As rápidas flutuações na produção distribuída, como as devidas a tempo nublado ou com rajadas de vento, colocam desafios significativos aos engenheiros de energia que precisam de assegurar níveis de energia estáveis através da variação da produção dos geradores mais controláveis, como as turbinas a gás e os geradores hidroeléctricos. Por esta razão, a tecnologia de redes inteligentes é uma condição necessária para a existência de grandes quantidades de eletricidade renovável na rede. Há também apoio à ligação dos veículos à rede [29].

8.14. Capacitação para o mercado

A rede inteligente permite a comunicação sistemática entre fornecedores (o seu preço da energia) e consumidores (a sua disponibilidade para pagar) e permite que tanto os fornecedores como os consumidores sejam mais flexíveis e sofisticados nas suas estratégias operacionais. Apenas as cargas críticas terão de pagar os preços de pico da energia, e os consumidores poderão ser mais estratégicos na altura em que utilizam a energia. Os geradores com maior flexibilidade poderão vender energia estrategicamente para obter o máximo lucro, enquanto os geradores inflexíveis, como as turbinas a vapor de carga de base e as turbinas eólicas, receberão uma tarifa variável com base no nível de procura e no estado dos outros geradores atualmente em funcionamento. O efeito global é um sinal que premeia a eficiência energética e o consumo de energia que é sensível às limitações temporais da oferta. A nível doméstico, os aparelhos com um certo grau de armazenamento de energia ou de massa térmica (como os frigoríficos, os bancos de calor e as bombas de calor) estarão bem colocados para "jogar" no mercado e procurar minimizar o custo da energia, adaptando a procura aos períodos de apoio energético de menor custo. Trata-se de uma extensão da tarifação dupla da energia acima referida.

8.15. Apoio à resposta à procura

O apoio à resposta à procura permite que os geradores e as cargas interajam de forma auto-matada em tempo real, coordenando a procura para nivelar os picos. A eliminação da fração da procura que ocorre nestes picos elimina o custo da adição de geradores de reserva, reduz o desgaste e prolonga a vida útil do equipamento e permite aos utilizadores reduzir as suas facturas de energia, dizendo aos dispositivos de baixa prioridade para utilizarem a energia apenas quando esta é mais barata [30].

Atualmente, os sistemas de redes eléctricas têm diferentes graus de comunicação nos sistemas de controlo dos seus activos de elevado valor, como as centrais de produção, as linhas de transmissão, as subestações e os principais utilizadores de energia. Em geral, a informação flui num sentido, dos utilizadores e das cargas que estes controlam para os serviços de utilidade pública. As empresas de serviços públicos tentam satisfazer a procura e são bem sucedidas ou falham em graus variáveis (brownouts, rolling blackout, blackout não controlado). A quantidade total de energia exigida pelos utilizadores pode ter uma distribuição probabilística muito ampla, o que exige centrais de produção de energia sobresselentes em modo de espera para responder à rápida evolução da utilização de energia.

A resposta à procura pode ser fornecida por cargas comerciais, residenciais e industriais [31]. Por exemplo, a Alcoa's Warrick Operation está a participar na MISO como um recurso qualificado de resposta à procura [32] e a Trimet Aluminum utiliza a sua fundição como uma mega-bateria de curto prazo [33].

A latência do fluxo de dados é uma grande preocupação, com algumas das primeiras arquitecturas de contadores inteligentes a permitirem, na verdade, um atraso de 24 horas na receção dos dados, impedindo qualquer possível reação por parte dos dispositivos fornecedores ou dos dispositivos que os solicitam [34].

8.16. Tecnologia

A maior parte das tecnologias de redes inteligentes já é utilizada noutras aplicações, como a indústria transformadora e as telecomunicações, e está a ser adaptada para utilização nas operações de rede [35].

- Comunicações integradas: As áreas a melhorar incluem: automatização de subestações, resposta à procura, automatização da distribuição, controlo de supervisão e aquisição de dados (SCADA), sistemas de gestão da energia, redes em malha sem fios e outras tecnologias, comunicações com portadores de linhas de eletricidade e fibra ótica [11]. As comunicações integradas permitirão o controlo em tempo real, a troca de informações e de dados para otimizar a fiabilidade do sistema, a utilização dos activos e a segurança [36].
- Deteção e medição: as principais funções são a avaliação do congestionamento e da estabilidade da rede, a monitorização do estado do equipamento, a prevenção do roubo de energia [37] e o apoio a estratégias de controlo. As tecnologias incluem contadores avançados com microprocessador (contadores inteligentes) e equipamento de leitura de contadores, sistemas de monitorização de áreas vastas (normalmente baseados em leituras em linha por deteção de temperatura distribuída combinada com sistemas de classificação térmica em tempo real (RTTR)), medição/análise de assinaturas electromagnéticas, ferramentas de tempo de utilização e de fixação de preços em tempo real, comutadores e cabos avançados, tecnologia de rádio retrodifusão e relés de proteção digitais.
- Contadores inteligentes.
- Unidades de medição de fasores. Muitos membros da comunidade de engenheiros de sistemas de energia acreditam que o apagão do Nordeste de 2003 poderia ter sido con-trolado numa área muito mais pequena se tivesse existido uma rede de medição de fasores de grande área [38].
- Controlo distribuído do fluxo de energia: os dispositivos de controlo do fluxo de energia são fixados nas linhas de transmissão existentes para controlar o fluxo de energia no seu interior. As linhas de transmissão equipadas com estes dispositivos permitem

uma maior utilização das energias renováveis, proporcionando um controlo mais consistente e em tempo real do modo como essa energia é encaminhada na rede. Esta tecnologia permite que a rede armazene mais eficazmente a energia intermitente das energias renováveis para utilização posterior [39].

- Produção inteligente de eletricidade utilizando componentes avançados: a produção inteligente de eletricidade é um conceito de correspondência entre a produção de eletricidade e a procura, utilizando vários geradores idênticos que podem arrancar, parar e funcionar eficientemente com a carga escolhida, independentemente dos outros, o que os torna adequados para a produção de eletricidade de base e de pico [40]. A correspondência entre a oferta e a procura, designada por equilíbrio de cargas [28], é essencial para um fornecimento estável e fiável de eletricidade. Os desvios de curto prazo no equilíbrio conduzem a variações de frequência e um desfasamento prolongado resulta em apagões. Os operadores dos sistemas de transmissão de energia estão encarregados da tarefa de equilibrar, fazendo corresponder a produção de energia de todos os geradores à carga da sua rede eléctrica. A tarefa de equilibrar a carga tornou-se muito mais difícil à medida que geradores cada vez mais intermitentes e variáveis, como as turbinas eólicas e as células solares, são acrescentados à rede, obrigando outros produtores a adaptar a sua produção com muito mais frequência do que era necessário no passado. Prevê-se que estejam prontas em 2013 e 2014 e que a sua produção total seja de 250 MW [41].

- A automatização do sistema elétrico permite um diagnóstico rápido e soluções precisas para perturbações ou falhas específicas da rede. Estas tecnologias dependem e contribuem para cada uma das outras quatro áreas-chave. Três categorias tecnológicas para métodos de controlo avançados são os agentes inteligentes distribuídos (sistemas de controlo), as ferramentas analíticas (algoritmos de software e computadores de alta velocidade) e as aplicações operacionais (SCADA, automação de subestações, resposta à procura, etc.). Utilizando técnicas de programação artificial, a rede eléctrica de Fujian, na China, criou um sistema de proteção de grande área que é rapidamente capaz de calcular com precisão uma estratégia de controlo e de a executar [42]. O software Voltage Stability Moni-toring & Control (VSMC) utiliza um método de programação linear sucessiva baseado na sensibilidade para determinar de forma fiável a solução de controlo óptima [43].

8.17. Empresas de TI a perturbar o mercado da energia

As redes inteligentes fornecem soluções baseadas nas TI que a rede eléctrica tradicional não possui. Estas novas soluções abrem caminho a novos operadores que, tradicionalmente, não estavam relacionados com a rede de energia [44, 45]. As empresas tecnológicas estão a perturbar os operadores tradicionais do mercado da energia de várias formas. Desenvolvem sistemas de distribuição complexos para satisfazer a produção de energia mais descentralizada devido às micro-redes. Além disso, o aumento da recolha de dados traz muitas novas possibilidades para as empresas de tecnologia, como a instalação de sensores na rede de transmissão ao nível do utilizador e o equilíbrio das reservas do sistema [46]. A tecnologia das micro-redes torna o consumo de energia mais barato para os agregados familiares do que a compra aos serviços públicos. Além disso, os residentes podem gerir o seu consumo de energia de forma mais fácil e eficaz com a ligação a contadores inteligentes [47]. No entanto, o desempenho e a fiabilidade das micro-redes dependem fortemente da interação contínua entre a produção de energia, o armazenamento e as necessidades da carga [48]. Uma oferta híbrida que combina fontes de energia renováveis com fontes de energia armazenadas, como o carvão e o gás, está a mostrar a oferta híbrida de uma microrrede que funciona sozinha.

8.18. Consequências

Em consequência da entrada das empresas tecnológicas no mercado da energia, as empresas de serviços públicos e os ORD têm de criar novos modelos de negócio para manter os actuais clientes e criar novos clientes [49].

8.19. Concentrar-se numa estratégia de envolvimento do cliente

Os ORD podem concentrar-se na criação de boas estratégias de envolvimento dos clientes para criar lealdade e confiança em relação a eles [50]. Para reter e atrair os clientes que decidem produzir a sua própria energia através de micro-redes, os ORD podem oferecer acordos de compra para a venda da energia excedentária que o consumidor produz [49]. Indiferença
Com a experiência das empresas de TI, tanto os ORD como as empresas de serviços públicos podem utilizar a sua experiência de mercado para dar aos consumidores conselhos sobre a utilização da energia e actualizações de eficiência, a fim de criar um excelente serviço ao cliente [51].

8.20. Criar alianças com novas empresas de tecnologia

Em vez de tentarem competir com as empresas de TI na sua especialização, tanto as empresas de serviços públicos como os ORD podem tentar criar alianças com empresas de TI para criarem boas soluções em conjunto. A empresa de serviços públicos francesa Engie fê-lo comprando o prestador de serviços Ecova e a OpTerra Energy Services [52].

8.21. Fontes de energia renováveis

A produção de energia renovável pode frequentemente ser ligada ao nível da distribuição, em vez das redes de transporte [53], o que significa que os ORD podem gerir os fluxos e distribuir a energia a nível local. Isto dá aos ORD uma nova oportunidade de expandir o seu mercado, vendendo energia diretamente ao consumidor. Simultaneamente, esta situação está a pôr em causa as empresas produtoras de combustíveis fósseis, que já se encontram encurraladas pelos elevados custos dos activos envelhecidos [54]. A regulamentação mais rigorosa do governo para a produção de recursos energéticos tradicionais aumenta a dificuldade de manter a atividade e aumenta a pressão sobre as empresas de energia tradicionais para que passem a utilizar fontes de energia renováveis [55, 56]. Um exemplo de uma empresa de serviços públicos que está a mudar o seu modelo de negócio para produzir mais energia renovável é a empresa norueguesa Equinor, que era uma empresa petrolífera estatal e que agora está a investir fortemente em energias renováveis.

8.22. Central eléctrica a hidrogénio de ciclo combinado

Produção de energia renovável e convencional na Alemanha durante duas semanas em 2022. Nas horas de baixa produção eólica e fotovoltaica, a hulha e o gás preenchem a lacuna. A energia nuclear e a biomassa quase não apresentam flexibilidade. A energia fotovoltaica acompanha o aumento do consumo durante o dia, mas varia sazonalmente.

A energia eólica e a energia solar são fontes de energia renováveis variáveis que não são tão consistentes como a energia de base e uma central de hidrogénio de ciclo combinado poderia ajudar as energias renováveis, capturando o excesso de energia, através da eletrólise, quando produzem demasiado e preenchendo as lacunas com essa energia quando não produzem tanto.

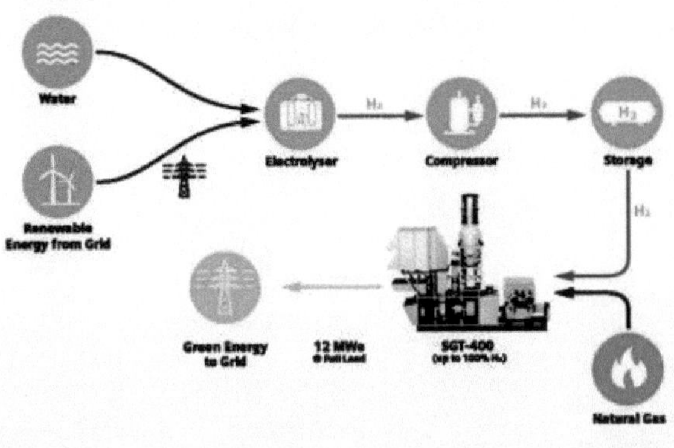

8.23. Investigação
8.23.1.   Programas principais

IntelliGrid - Criada pelo Electric Power Research Institute (EPRI), a arquitetura Intelli-Grid fornece metodologia, ferramentas e recomendações para normas e tecnologias a utilizar pelos serviços públicos no planeamento, especificação e aquisição de sistemas baseados em TI, tais como medição avançada, automatização da distribuição e resposta à procura. A arquitetura também proporciona um laboratório vivo para avaliar dispositivos, sistemas e tecnologias. Várias empresas de serviços públicos aplicaram a arquitetura IntelliGrid, incluindo a Southern California Edison, a Long Island Power Authority, a Salt River Project e a TXU Electric Delivery. O Consórcio IntelliGrid é uma parceria público-privada que integra e optimiza os esforços globais de investigação, financia a I&D tecnológica, trabalha para integrar tecnologias e divulga informações técnicas[57].

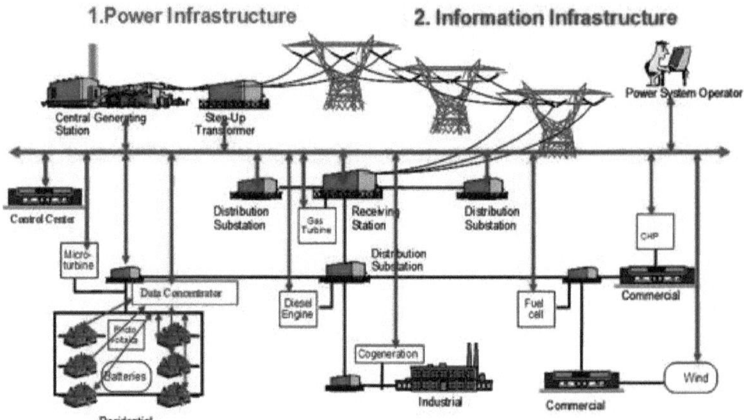

Grid 2030 - Grid 2030 é uma declaração de visão conjunta para o sistema elétrico dos EUA, desenvolvida pela indústria de serviços de eletricidade, fabricantes de equipamentos, fornecedores de tecnologias de informação, agências governamentais federais e estatais, grupos de interesse, universidades e laboratórios nacionais. Abrange a produção, o transporte, a distribuição, o armazenamento e a utilização final [58]. O Roteiro Nacional para as Tecnologias de Distribuição de Eletricidade é o documento de implementação da visão da Rede 2030. O roteiro descreve as principais questões e desafios para a modernização da rede e sugere caminhos que o governo e a indústria podem seguir para construir o futuro sistema de distribuição de eletricidade da América [59].

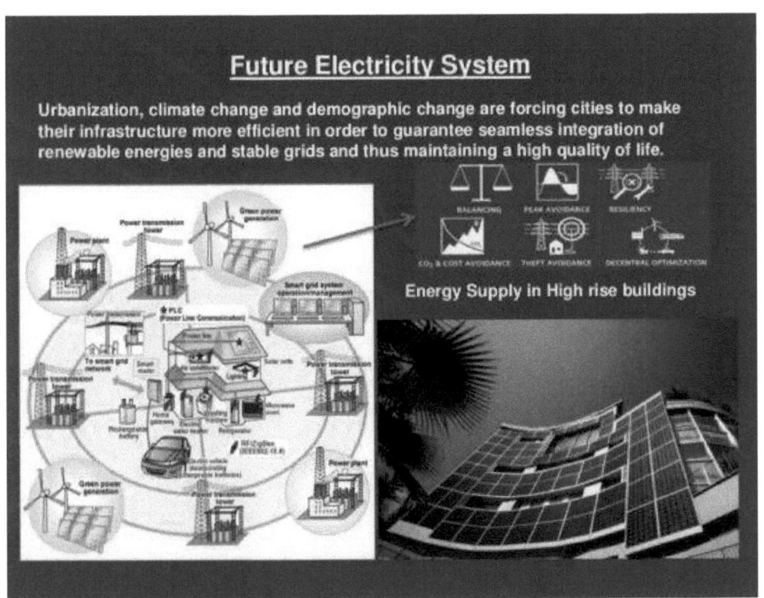

A **Iniciativa Rede Moderna (MGI)** é um esforço de colaboração entre o Departamento de Energia dos EUA (DOE), o Laboratório Nacional de Tecnologia Energética (NETL), empresas de serviços públicos, consumidores, investigadores e outras partes interessadas na rede para modernizar e integrar a rede eléctrica dos EUA. O Gabinete de Fornecimento de Eletricidade e Fiabilidade Energética (OE) do DOE patrocina a iniciativa, que se baseia no Grid 2030 e no Roteiro Nacional de Tecnologias de Fornecimento de Eletricidade e está alinhada com outros programas como o GridWise e o GridWorks [60].

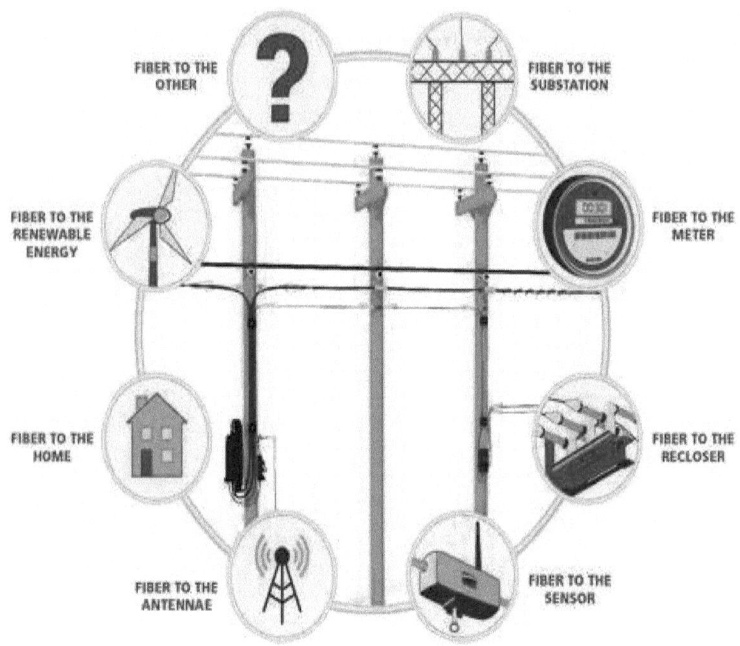

GridWise - Um programa do DOE OE: centrado no desenvolvimento da tecnologia da informação para modernizar a rede eléctrica dos EUA. Trabalhando com a GridWise Alliance, o programa investe em arquitetura e normas de comunicação; ferramentas de simulação e análise; tecnologias inteligentes; bancos de ensaio e projectos de demonstração; e novos quadros regulamentares, institucionais e de mercado. A GridWise Alliance é um consórcio de partes interessadas do sector público e privado da eletricidade, que proporciona um fórum para o intercâmbio de ideias, esforços de cooperação e reuniões com decisores políticos a nível federal e estatal [61].

O **GridWise Architecture Council (GWAC)** foi criado pelo Departamento de Energia dos EUA para promover e permitir a interoperabilidade entre as muitas entidades que interagem com o sistema de energia eléctrica do país. Os membros do GWAC são uma equipa equilibrada e respeitada que representa os muitos grupos da cadeia de fornecimento de eletricidade e os utilizadores. O GWAC fornece orientação e ferramentas à indústria para articular o objetivo da interoperabilidade em todo o sistema elétrico, identificar os conceitos e arquitecturas necessários para tornar a interoperabilidade possível e desenvolver passos práticos para facilitar o funcionamento conjunto dos sistemas, dispositivos e instituições que englobam o sistema elétrico do país. O GridWise Architecture Council Inter-operability Context Setting Framework, V 1.1 define as directrizes e os princípios necessários [62].

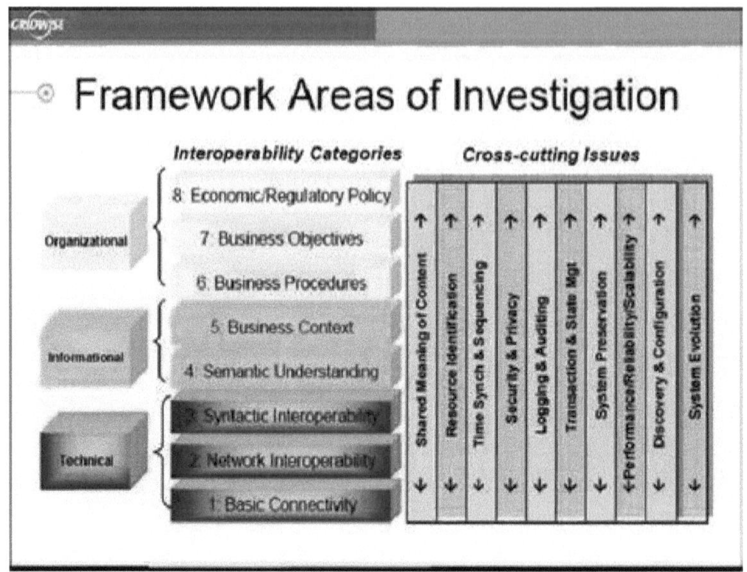

GridWorks - Um programa do DOE OE centrado na melhoria da fiabilidade do sistema elétrico através da modernização de componentes-chave da rede, como cabos e condutores, subestações e sistemas de proteção, e eletrónica de potência. O foco do programa inclui a coordenação de esforços em sistemas supercondutores de alta temperatura, tecnologias de fiabilidade de transmissão, tecnologias de distribuição eléctrica, dispositivos de armazenamento de energia e sistemas GridWise [63].

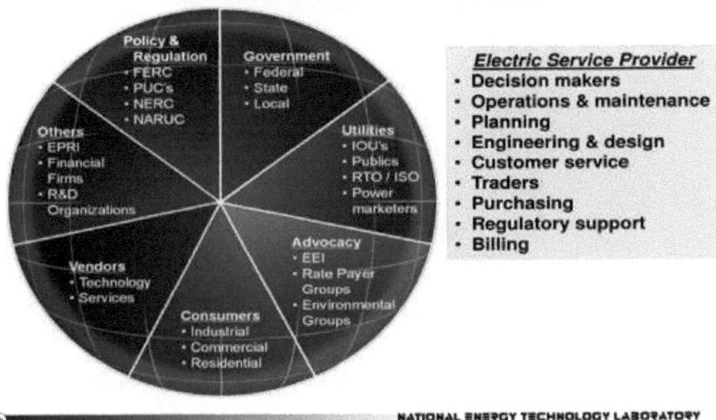

Projeto de Demonstração da Rede Inteligente do Noroeste do Pacífico. - Este projeto está a ser demonstrado em cinco estados do Noroeste do Pacífico - Idaho, Montana, Oregon, Washington e Wyoming. Envolve cerca de 60.000 clientes com contadores e contém muitas funções-chave da futura rede inteligente [64].

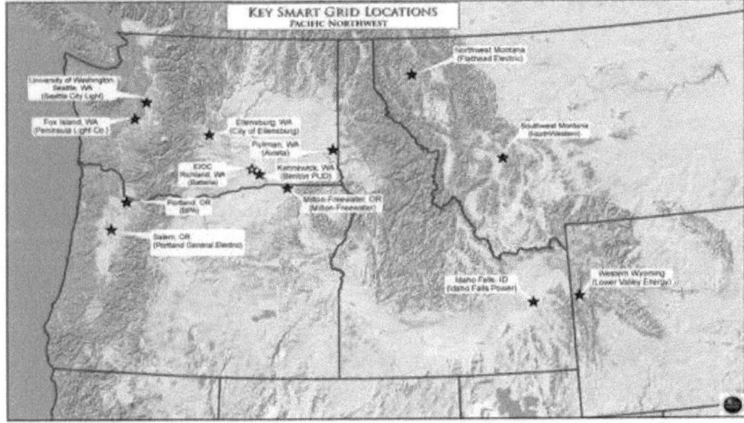

Solar Cities - Na Austrália, o programa Solar Cities incluiu uma estreita colaboração com as empresas de energia para testar contadores inteligentes, preços de pico e fora de pico, comutação remota e esforços conexos. Também proporcionou algum financiamento limitado para a modernização da rede [65].

Smart Grid Energy Research Center (SMERC) - Localizado na Universidade da Califórnia, Los Angeles, dedicou os seus esforços ao ensaio em grande escala da sua tecnologia de rede de carregamento inteligente de veículos eléctricos. Criou outra plataforma para o fluxo bidirecional de informações entre um serviço público e os dispositivos finais dos consumidores. O SMERC também desenvolveu um banco de ensaios de resposta à procura (DR) que inclui um centro de controlo, um servidor de automatização da resposta à procura (DRAS), uma rede de área doméstica (HAN), um sistema de armazenamento de energia em bateria (BESS) e painéis fotovoltaicos (PV). Estas tecnologias estão instaladas no território do Los Angeles Department of Water and Power e do Southern California Edison como uma rede de carregadores de veículos eléctricos, sistemas de armazenamento de energia de baterias, painéis solares, carregador rápido DC e unidades Vehicle-to-Grid (V2G). Estas plataformas, redes de comunicação e controlo permitem que os projectos liderados pela UCLA na área sejam testados em parceria com dois serviços públicos locais, SCE e LADWP [66].

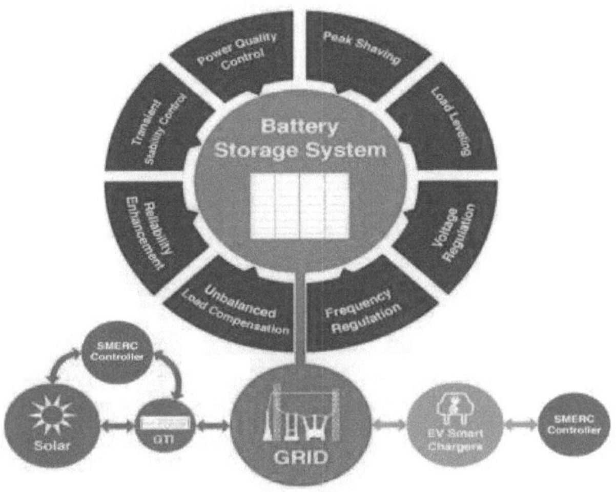

Smart Quart - Na Alemanha, o projeto Smart Quart desenvolve três distritos inteligentes para desenvolver, testar e apresentar a tecnologia de funcionamento das redes inteligentes. O projeto é uma colaboração entre a E.ON, a Viessmann, a gridX e a hydrogenious, juntamente com a Universidade RWTH Aachen. Prevê-se que, até ao final de 2024, os três distritos sejam abastecidos com energia produzida localmente e sejam, em grande medida, independentes de fontes de energia fósseis [67].

Smart5Grid - Em Portugal, visa garantir que os operadores do sector da energia tiram partido dos benefícios associados à utilização de redes

5G. Com fiabilidade e segurança, é proposta uma solução que responde precisamente às exigências específicas impostas pelas Smart Grids, tais como elevadas taxas de transferência de dados e monitorização em tempo real [68].

8.23.2.   Modelação de redes inteligentes

Muitos conceitos diferentes têm sido utilizados para modelizar as redes eléctricas inteligentes. Estas são geralmente estudadas no âmbito dos sistemas complexos. Numa recente sessão de brain-storming [69], a rede eléctrica foi considerada no contexto do controlo ótimo, ecologia, cognição humana, dinâmica vítrea, teoria da informação, microfísica das nuvens e muitos outros. Segue-se uma seleção dos tipos de análises que surgiram nos últimos anos.

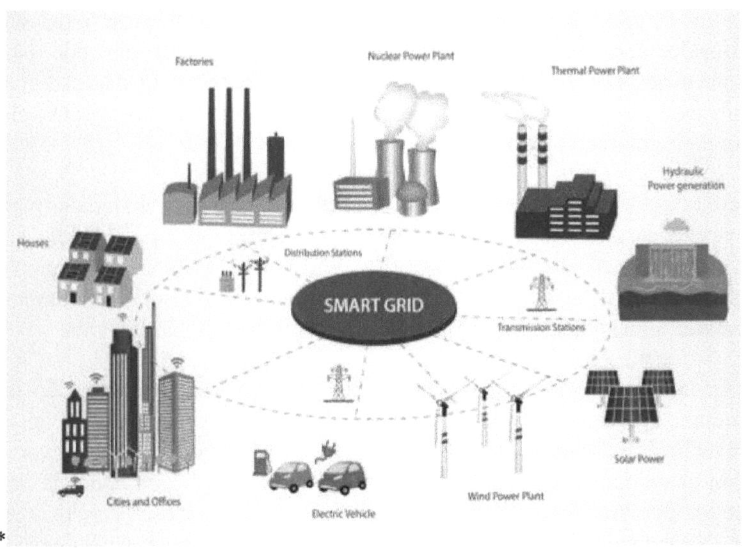

*

8.23.2.1. Sistema Federado de Aprendizagem

Algumas investigações exploraram soluções de aprendizagem federada para modelar o fluxo de tráfego de rede de dados reais de redes inteligentes, com o objetivo de detetar e classificar continuamente intrusões nesse sistema, nomeadamente com a exploração de uma hierarquia de três níveis que imita analogicamente a estrutura das subestações de redes inteligentes [70].

Sistemas de proteção que se verificam e supervisionam a si próprios: Pelqim Spahiu e Ian R. Evans, no seu estudo, introduziram o conceito de uma proteção inteligente baseada em subestações e de uma unidade de inspeção híbrida [71, 72].

Osciladores de Kuramoto: O modelo de Kuramoto é um sistema bem estudado. A rede eléctrica também foi descrita neste contexto [73, 74]. O objetivo é manter o sistema em equilíbrio, ou manter a sincronização de fase (também conhecida como bloqueio de fase). Os osciladores não uniformes também ajudam a modelar diferentes tecnologias, diferentes tipos de geradores de energia, padrões de consumo, etc. O modelo também foi utilizado para descrever os padrões de sincronização no piscar dos pirilampos [73].

Redes de comunicação Smart Grid: Os simuladores de rede são utilizados para simular/emular os efeitos da comunicação em rede. Isto implica normalmente a criação de um laboratório com os dispositivos, aplicações, etc. da rede inteligente, sendo a rede virtual fornecida pelo simulador de rede [75, 76].

Redes neuronais: As redes neuronais também têm sido consideradas para a gestão da rede eléctrica. Os sistemas de energia eléctrica podem ser classificados de várias formas diferentes: não lineares, dinâmicos, discretos ou aleatórios. As Redes Neuronais Artificiais (RNA) tentam resolver o mais difícil destes problemas, os problemas não lineares.

Previsão da procura: Uma das aplicações das RNA é a previsão da procura. Para que as redes funcionem de forma económica e fiável, a previsão da procura é essencial, uma vez que é utilizada para prever a quantidade de energia que será consumida pela carga. Esta depende das condições climatéricas, do tipo de dia, de eventos aleatórios, de incidentes, etc. No entanto, para cargas não lineares, o perfil de carga não é suave e previsível, o que resulta em maior incerteza e menor precisão utilizando os modelos tradicionais de Inteligência Artificial. Alguns factores que as RNA têm em conta ao desenvolver este tipo de modelos: classificação dos perfis de carga de diferentes classes de clientes com base no consumo de eletricidade, maior capacidade de resposta da procura para prever os preços da eletricidade em tempo real em comparação com as redes convencionais, a necessidade de introduzir a procura passada como diferentes componentes, tais como carga de pico, carga de base, carga de vale, carga média, etc., em vez de as juntar numa única entrada e, por último, a dependência do tipo em relação a variáveis de entrada específicas. Um exemplo do último caso seria o tipo de dia, se é dia de semana ou fim de semana, que não teria grande efeito nas redes hospitalares, mas seria um fator importante no perfil de carga das redes de habitações residentes [77-81].

Processos de Markov: À medida que a energia eólica continua a ganhar popularidade, torna-se um ingrediente necessário em estudos realistas de redes eléctricas. O armazenamento off-line, a variabilidade do vento, a oferta, a procura, os preços e outros factores podem ser modelados como um jogo matemático. Aqui o objetivo é desenvolver uma estratégia vencedora. Os processos de Markov têm sido utilizados para modelar e estudar este tipo de sistema[82].

8.24. Economia
8.24.1.   Perspectivas do mercado

Em 2009, a indústria de redes inteligentes dos EUA estava avaliada em cerca de 21,4 mil milhões de dólares - em 2014, ultrapassará pelo menos 42,8 mil milhões de dólares. Dado o sucesso das redes inteligentes nos EUA, prevê-se que o mercado mundial cresça a um ritmo mais rápido, passando de 69,3 mil milhões de dólares em 2009 para 171,4 mil milhões de dólares em 2014. Os segmentos que mais beneficiarão serão os vendedores de hardware de contadores inteligentes e os fabricantes de software utilizado para transmitir e organizar a enorme quantidade de dados recolhidos pelos contadores [83].

Um estudo de 2011 do Electric Power Research Institute conclui que o investimento numa rede inteligente nos EUA custará até 476 mil milhões de dólares em 20 anos, mas proporcionará até 2 triliões de dólares em benefícios para os clientes durante esse período [84]. Em 2015, o Fórum Económico Mundial informou que é necessário um investimento transformacional de mais de 7,6 biliões de dólares por parte dos membros da OCDE nos próximos 25 anos (ou 300 mil milhões de dólares por ano) para modernizar, expandir e descentralizar a infraestrutura eléctrica, sendo a inovação técnica a chave para a transformação [85]. Um estudo de 2019 da Agência Inter-nacional de Energia estima que o valor atual (depreciado) da rede eléctrica dos EUA é superior a 1 bilião de dólares. O custo total da sua substituição por uma rede inteligente é estimado em mais de 4 biliões de dólares. Se as redes inteligentes forem totalmente implantadas nos EUA, o país espera poupar 130 mil milhões de dólares por ano [86].

1.23.2. Evolução económica geral

Como os clientes podem escolher os seus fornecedores de eletricidade, em função dos seus diferentes métodos tarifários, a incidência dos custos de transporte será maior. A redução dos custos de manutenção e substituição estimulará um controlo mais avançado.

Uma rede inteligente limita com precisão a energia eléctrica até ao nível residencial, coloca em rede dispositivos de produção e armazenamento de energia distribuída em pequena escala, comunica informações sobre o estado de funcionamento e as necessidades, recolhe informações sobre os preços e as condições da rede e faz com que a rede deixe de ser um controlo central e passe a ser uma rede de colaboração [87].

1.24. Estimativas e preocupações sobre a poupança nos EUA e no Reino Unido

Um estudo de 2003 do Departamento de Energia dos Estados Unidos calculou que a modernização interna das redes americanas com capacidades de rede inteligente permitiria poupar entre 46 e 117 mil milhões de dólares nos próximos 20 anos, se fosse implementada nos anos seguintes ao estudo [88]. Para além destes benefícios de modernização industrial, as características das redes inteligentes podem expandir a eficiência energética para além da rede, para dentro de casa, coordenando dispositivos domésticos de baixa prioridade, como os aquecedores de água, de modo a que a sua utilização de energia tire partido das fontes de energia mais desejáveis. As redes inteligentes podem também coordenar a produção de energia a partir de um grande número de pequenos produtores de energia, como os proprietários de painéis solares nos telhados - uma solução que, de outro modo, se revelaria problemática para os operadores de sistemas de energia das empresas de serviços públicos locais.

Uma questão importante é saber se os consumidores actuarão em resposta aos sinais do mercado. O Departamento de Energia dos Estados Unidos (DOE), no âmbito do programa de subvenções e demonstrações para investimentos em redes inteligentes da Lei da Recuperação e Reinvestimento dos Estados Unidos, financiou estudos especiais sobre o comportamento dos consumidores para analisar a aceitação, a retenção e a resposta dos consumidores que subscreveram programas de tarifas de serviços públicos baseados no tempo Arquivado 18/03/2015 no Máquina Way-back que envolvem infra-estruturas avançadas de contagem e sistemas de clientes, tais como ecrãs domésticos e termóstatos comunicantes programáveis.

Outra preocupação é o facto de o custo das telecomunicações para apoiar plenamente as redes inteligentes poder ser proibitivo. Propõe-se um mecanismo de comunicação menos dispendioso utilizando uma forma de "gestão dinâmica da procura", em que os dispositivos reduzem os picos de consumo deslocando as suas cargas em reação à frequência da rede. A frequência da rede poderia ser utilizada para comunicar informações sobre a carga sem a necessidade de uma rede de telecomunicações adicional, mas não permitiria a negociação económica ou a quantificação das contribuições [89].

8.25. Oposições e preocupações

A maior parte da oposição e das preocupações tem-se centrado nos contadores inteligentes e nos elementos (como o controlo remoto, a desconexão remota e os preços de taxa variável) por eles possibilitados. Quando há oposição aos contadores inteligentes, estes são frequentemente comercializados como "rede inteligente", o que, aos olhos dos opositores, liga a rede inteligente aos contadores inteligentes. Os pontos específicos de oposição ou preocupação incluem:

- preocupações dos consumidores com a privacidade, por exemplo, utilização de dados de utilização pelas autoridades policiais
- preocupações sociais sobre a disponibilidade "justa" de eletricidade
- preocupação com o facto de os sistemas complexos de taxas (por exemplo, taxas variáveis) eliminarem a clareza e a responsabilidade, permitindo que o fornecedor tire partido do cliente
- preocupação com o "interrutor de segurança" controlável à distância incorporado na maioria dos contadores inteligentes
- preocupações sociais com os abusos de informação ao estilo da Enron
- preocupações quanto à atribuição ao governo de mecanismos de controlo da utilização de todas as actividades que utilizam energia
- preocupações com as emissões RF dos contadores inteligentes

8.26. Segurança

Embora a modernização das redes eléctricas em redes inteligentes permita a otimização dos processos quotidianos, uma rede inteligente, estando em linha, pode ser vulnerável a ciberataques [90, 91]. Os transformadores que aumentam a tensão da eletricidade criada nas centrais eléctricas para viagens de longa distância, as próprias linhas de transmissão e as linhas de distribuição que levam a eletricidade aos consumidores são particularmente susceptíveis [92]. Estes sistemas baseiam-se em sensores que recolhem informações no terreno e as transmitem aos centros de controlo, onde os algoritmos automatizam os processos de análise e de tomada de decisões. Estas decisões são enviadas de volta para o terreno, onde o equipamento existente as executa [93]. Os piratas informáticos têm o potencial de perturbar estes sistemas de controlo automatizados, cortando os canais que permitem a utilização da eletricidade gerada [92]. A isto chama-se um ataque de negação de serviço ou DoS. Podem também lançar ataques de integridade que corrompem a informação que está a ser transmitida ao longo do sistema, bem como ataques de dessincronização que afectam o momento em que essa informação é entregue no local apropriado [93]. Além disso, os intrusos podem obter acesso através de sistemas de geração de energia renovável e contadores inteligentes ligados à rede, tirando partido de pontos fracos mais especializados ou cuja segurança não tenha sido considerada prioritária. Uma vez que uma rede inteligente tem um grande número de pontos de acesso, como os contadores inteligentes, a defesa de todos os seus pontos fracos pode revelar-se difícil [90].

Existe também uma preocupação com a segurança da infraestrutura, principalmente a que envolve a tecnologia de comunicações. As preocupações centram-se principalmente na tecnologia de comunicações que está no centro da rede inteligente. Concebida para permitir o contacto em tempo real entre os serviços públicos e os contadores nas casas e empresas dos clientes, existe o risco de estas capacidades poderem ser exploradas para acções criminosas ou mesmo terroristas [11]. Uma das principais capacidades desta conetividade é a capacidade de desligar remotamente o fornecimento de energia, permitindo que os serviços públicos interrompam ou modifiquem rápida e facilmente o fornecimento aos clientes que não efectuem o pagamento. Trata-se, sem dúvida, de uma enorme vantagem para os fornecedores de energia, mas também levanta algumas questões de segurança significativas [94]. Os cibercriminosos já se infiltraram na rede eléctrica dos EUA em várias ocasiões [95]. Para além da infiltração informática, existe também a preocupação de que o malware informático
como o Stuxnet, que visava os sistemas SCADA, muito utilizados na indústria, pode ser utilizado para atacar uma rede de redes inteligentes [96].

O roubo de eletricidade é uma preocupação nos EUA, onde os contadores inteligentes que estão a ser instalados utilizam tecnologia RF para comunicar com a rede de transmissão de eletricidade. As pessoas com conhecimentos de eletrónica podem conceber dispositivos de interferência para fazer com que o contador inteligente comunique uma utilização inferior à real [carece de fontes].

Os danos de um ciberataque de grande dimensão e bem executado podem ser extensos e duradouros. Uma subestação incapacitada pode levar de nove dias a mais de um ano para ser reparada, dependendo da natureza do ataque. Pode também causar um corte de energia de uma hora num pequeno raio. Pode ter um efeito imediato nas infra-estruturas de transportes, uma vez que os semáforos e outros mecanismos de encaminhamento, bem como o equipamento de ventilação das estradas subterrâneas, dependem da eletricidade[97]. Além disso, as infra-estruturas que dependem da rede eléctrica, incluindo as instalações de tratamento de águas residuais, o sector das tecnologias da informação e os sistemas de comunicações, podem ser afectados [97].

O ciberataque à rede eléctrica da Ucrânia, em dezembro de 2015, o primeiro do género registado, interrompeu os serviços a cerca de um quarto de milhão de pessoas ao colocar as subestações offline [98, 99]. O Council on Foreign Relations observou que é mais provável que os Estados sejam os autores de um ataque deste tipo, uma vez que têm acesso aos recursos necessários para o levar a cabo, apesar do elevado nível de dificuldade de o fazer. As intrusões cibernéticas podem ser utilizadas como parte de uma ofensiva mais vasta, militar ou outra [99]. Alguns peritos em segurança alertam para o facto de este tipo de evento ser facilmente escalável para outras redes [100]. A companhia de seguros Lloyd's of London já modelou o resultado de um ciberataque na Interconexão Oriental, que tem o potencial de afetar 15 estados, colocar 93 milhões de pessoas às escuras e custar à economia do país entre 243 mil milhões e 1 bilião de dólares em vários danos [101].

De acordo com o Subcomité de Desenvolvimento Económico, Edifícios Públicos e Gestão de Emergências da Câmara dos Representantes dos EUA, a rede eléctrica já sofreu um número considerável de intrusões cibernéticas, sendo que duas em cada cinco visam incapacitá-la. Como tal, o Departamento de Energia dos EUA deu prioridade à investigação e desenvolvimento para diminuir a vulnerabilidade da rede eléctrica aos ciberataques, citando-os como um "perigo iminente" na sua Revisão Quadrienal da Energia de 2017 [102]. O Departamento de Energia também identificou a resistência aos ataques e a auto-regeneração como as principais chaves para garantir que a atual rede inteligente seja à prova de futuro [93]. Embora já existam regulamentos em vigor, nomeadamente as Normas de Proteção das Infra-estruturas Críticas introduzidas pelo Conselho de Fiabilidade Eléctrica da América do Norte, um número significativo desses regulamentos são sugestões e não mandatos. A maior parte das instalações e equipamentos de produção, transporte e distribuição de eletricidade são propriedade de entidades privadas, o que complica ainda mais a tarefa de avaliar a adesão a essas normas [102]. Além disso, mesmo que as empresas de serviços públicos queiram cumprir integralmente as normas, podem achar que é demasiado dispendioso fazê-lo.

Alguns especialistas defendem que o primeiro passo para aumentar as defesas cibernéticas da rede eléctrica inteligente é completar uma análise de risco abrangente da infraestrutura existente, incluindo a investigação de software, hardware e processos de comunicação. Além disso, como as próprias intrusões podem fornecer informações valiosas, pode ser útil analisar os registos do sistema e outros registos sobre a sua natureza e o momento em que ocorrem. As fraquezas comuns já identificadas utilizando estes métodos pelo Departamento de Segurança Interna incluem má qualidade do código, autenticação incorrecta e regras de firewall fracas. Uma vez concluída esta etapa, há quem sugira que faz sentido efetuar uma análise das potenciais consequências das falhas ou deficiências acima mencionadas. Isto inclui tanto as consequências imediatas como os efeitos em cascata de segunda e terceira ordem em sistemas paralelos. Por fim, podem ser adoptadas soluções de atenuação do risco, que podem incluir a simples correção de inadequações da infraestrutura ou novas estratégias, para resolver a situação. Algumas dessas medidas incluem a recodificação de algoritmos de sistemas de controlo para os tornar mais capazes de resistir e recuperar de ciberataques ou técnicas preventivas que permitam uma deteção mais eficiente de alterações invulgares ou não autorizadas nos dados. As estratégias para ter em conta o erro humano que pode comprometer os sistemas incluem a educação das pessoas que trabalham no terreno para terem cuidado com unidades USB estranhas, que podem introduzir malware se forem inseridas, mesmo que seja apenas para verificar o seu conteúdo [93]. Outras soluções incluem a utilização de subestações de transmissão, redes SCADA restritas, partilha de dados baseada em políticas e atestação para contadores inteligentes restritos.

As subestações de transmissão utilizam tecnologias de autenticação de assinatura única e construções de cadeias de hash unidireccionais. Estes condicionalismos foram entretanto remediados com a criação de uma tecnologia de assinatura e verificação rápidas e de um processamento de dados sem buffering [103].

.

A partilha de dados baseada em políticas utiliza medições da rede eléctrica sincronizadas com relógio GPS e grão fino para aumentar a estabilidade e a fiabilidade da rede. Isto é feito através de requisitos de sincronização de fasores que são recolhidos pelas PMUs [103].

No entanto, a certificação para contadores inteligentes com restrições enfrenta um desafio ligeiramente diferente. Um dos maiores problemas da certificação para contadores inteligentes condicionados é que, para evitar o roubo de energia e ataques semelhantes, os fornecedores de cibersegurança têm de se certificar de que o software dos dispositivos é autêntico. Para combater este problema, foi criada uma arquitetura para redes inteligentes restritas, que foi implementada a um nível baixo no sistema incorporado [103].

O sistema de proteção de uma rede inteligente fornece análise da fiabilidade da rede, proteção contra falhas e serviços de segurança e proteção da privacidade. Embora a infraestrutura de comunicação adicional de uma rede inteligente forneça mecanismos adicionais de proteção e segurança, também apresenta um risco de ataques externos e falhas internas. Num relatório sobre a cibersegurança da tecnologia das redes inteligentes, produzido pela primeira vez em 2010 e posteriormente atualizado em 2014, o Instituto Nacional de Normalização e Tecnologia dos EUA salientou que a capacidade de recolher mais dados sobre a utilização de energia dos contadores inteligentes dos clientes suscita também grandes preocupações em matéria de privacidade, uma vez que a informação armazenada no contador, potencialmente vulnerável a violações de dados, pode ser extraída para obter dados pessoais dos clientes [104].

8.27. Outros desafios à adoção

Antes de uma empresa de serviços públicos instalar um sistema de contagem avançado, ou qualquer tipo de sistema inteligente, tem de apresentar uma justificação comercial para o investimento. Alguns componentes, como os estabilizadores do sistema elétrico (PSS)[clarificação necessária] instalados nos geradores, são muito caros, exigem uma integração complexa no sistema de controlo da rede, só são necessários em situações de emergência e só são eficazes se os outros fornecedores da rede os tiverem. Sem qualquer incentivo para os instalar, os fornecedores de eletricidade não o fazem [105]. A maioria das empresas de serviços públicos tem dificuldade em justificar a instalação de uma infraestrutura de comunicações para uma única aplicação (por exemplo, leitura de contadores). Por este motivo, uma empresa de serviços públicos deve normalmente identificar várias aplicações que utilizarão a mesma infraestrutura de comunicações - por exemplo, a leitura de um contador, a monitorização da qualidade da energia, a ligação e desligamento remoto de clientes, a resposta à procura, etc. Idealmente, a infraestrutura de comunicações não só suportará aplicações de curto prazo, mas também aplicações imprevistas que surgirão no futuro. As acções regulamentares ou legislativas também podem levar as empresas de serviços públicos a implementar peças de um puzzle de redes inteligentes. Cada empresa de serviços públicos tem um conjunto único de factores comerciais, regulamentares e legislativos que orientam os seus investimentos. Isto significa que cada empresa de serviços públicos seguirá um caminho diferente para criar a sua rede inteligente e que diferentes empresas de serviços públicos criarão redes inteligentes com taxas de adoção diferentes.

Algumas características das redes inteligentes suscitam a oposição de indústrias que atualmente prestam, ou esperam vir a prestar, serviços semelhantes. Um exemplo é a concorrência com os fornecedores de Internet por cabo e DSL no acesso à Internet de banda larga através da rede eléctrica. Os fornecedores de sistemas de controlo SCADA para as redes conceberam intencionalmente hardware, protocolos e software próprios, de modo a não poderem interoperar com outros sistemas, a fim de prender os seus clientes ao fornecedor [106].

A incorporação de comunicações digitais e infra-estruturas informáticas na infraestrutura física existente da rede coloca desafios e vulnerabilidades inerentes. De acordo com a revista IEEE Security and Privacy Magazine, a rede inteligente exigirá que as pessoas desenvolvam e utilizem grandes infra-estruturas informáticas e de comunicação que suportem um maior grau de consciência situacional e que permitam operações de comando e controlo mais específicas. Este processo é necessário para apoiar sistemas importantes como a medição e o controlo da procura-resposta em toda a área, o armazenamento e o transporte de eletricidade e a automatização da distribuição eléctrica [107].

8.28. Roubo de energia / Perda de energia

Vários sistemas de "redes inteligentes" têm funções duplas. Incluem-se aqui os sistemas de Infra-estruturas de Medição Avançada que, quando utilizados com vários programas informáticos, podem ser utilizados para detetar o roubo de energia e, por processo de eliminação, detetar onde ocorreram falhas no equipamento. Estas funções são complementares às suas funções primárias de eliminação da necessidade de leitura humana dos contadores e de medição do tempo de utilização da eletricidade. A perda de energia eléctrica a nível mundial, incluindo o roubo, está estimada em duzentos mil milhões de dólares por ano [108].

8.29. Implantações e tentativas de implantação
8.29.1.   Enel

O primeiro exemplo, e um dos maiores, de uma rede inteligente é o sistema italiano instalado pela Enel S.p.A. de Itália. Concluído em 2005, o projeto Telegestore foi muito invulgar no mundo dos serviços públicos porque a empresa concebeu e fabricou os seus próprios contadores, actuou como seu próprio integrador de sistemas e desenvolveu o seu próprio software de sistema. O projeto Telegestore é amplamente considerado como a primeira utilização à escala comercial da tecnologia de redes inteligentes ao domicílio e permite poupanças anuais de 500 milhões de euros, com um custo de projeto de 2,1 mil milhões de euros [109].

8.29.2. Departamento de Energia dos EUA - Projeto ARRA Smart Grid

Um dos maiores programas de implantação do mundo até à data é o Programa Smart Grid do Departamento de Energia dos EUA, financiado pela Lei Americana de Recuperação e Reinvestimento de 2009. Esse programa exigia financiamento equivalente de empresas de serviços públicos individuais. No total, foram investidos mais de 9 mil milhões de dólares em fundos públicos e privados no âmbito deste programa. As tecnologias incluíam Infra-estruturas de Medição Avançada, incluindo mais de 65 milhões de Contadores "Inteligentes" Avançados, Sistemas de Interface com o Cliente, Automação da Distribuição e Subestação, Sistemas de Otimização Volt/VAR, mais de 1.000 Sincrofasores, Classificação Dinâmica de Linhas, Projectos de Cibersegurança, Sistemas Avançados de Gestão da Distribuição, Sistemas de Armazenamento de Energia e Projectos de Integração de Energias Renováveis. Este programa consistiu em Subsídios ao Investimento (mat-ching), Projectos de Demonstração, Estudos de Aceitação do Consumidor e Programas de Formação da Força de Trabalho. Os relatórios de todos os programas individuais de serviços públicos, bem como os relatórios de impacto global, serão concluídos no segundo trimestre de 2015.

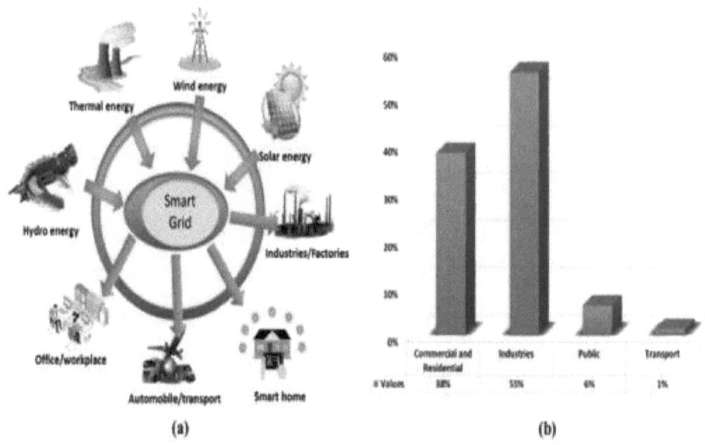

Nos Estados Unidos, a Lei da Política Energética de 2005 e o Título XIII da Lei da Independência e Segurança Energética de 2007 estão a financiar o desenvolvimento de redes inteligentes. O objetivo é permitir que as empresas de serviços públicos prevejam melhor as suas necessidades e, em alguns casos, envolvam os consumidores numa tarifa de tempo de utilização. Foram também atribuídos fundos para desenvolver tecnologias mais robustas de controlo da energia [109, 110].

8.29.3. Austin, Texas

Nos EUA, a cidade de Austin, no Texas, tem estado a trabalhar na construção da sua rede inteligente desde 2003, quando a empresa de serviços públicos substituiu pela primeira vez 1/3 dos seus contadores manuais por contadores inteligentes que comunicam através de uma rede em malha sem fios. Atualmente, gere 200 000 dispositivos em tempo real (contadores inteligentes, termóstatos inteligentes e sensores em toda a sua área de serviço) e espera suportar 500 000 dispositivos em tempo real em 2009, servindo 1 milhão de consumidores e 43 000 empresas [111].

8.29.4. Boulder, Colorado

Boulder, Colorado, concluiu a primeira fase do seu projeto de rede inteligente em agosto de 2008. Ambos os sistemas utilizam o contador inteligente como porta de entrada para a rede de automação doméstica (HAN) que controla as tomadas e os dispositivos inteligentes. Alguns

projectistas de HAN preferem dissociar as funções de controlo do
contador, por receio de futuras incompatibilidades com as novas normas
e tecnologias disponíveis no segmento comercial em rápida evolução dos
dispositivos electrónicos domésticos [112].

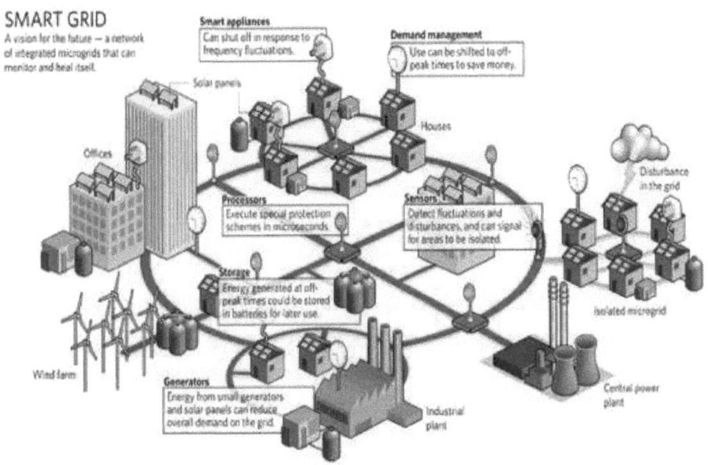

8.29.5. Hydro One

A Hydro One, em Ontário, no Canadá, está a meio de uma iniciativa
Smart Grid em grande escala, implementando uma infraestrutura de
comunicações em conformidade com as normas da Trilliant. Até ao final
de 2010, o sistema servirá 1,3 milhões de clientes na província de Ontário.
A iniciativa ganhou o prémio "Best AMR Initiative in North America" da
Utility Planning Network [113].

8.29.6.   Ilha de Yeu

A Île d'Yeu iniciou um programa-piloto de 2 anos na primavera de 2020. Vinte e três casas no bairro de Ker Pissot e áreas circundantes foram interligadas a uma microrrede que foi automatizada como uma rede inteligente com software da Engie. Sessenta e quatro painéis solares com uma capacidade de pico de 23,7 kW foram instalados em cinco casas e uma bateria com uma capacidade de armazenamento de 15 kWh foi instalada numa casa. Seis casas armazenam o excesso de energia solar nos seus aquecedores de água quente. Um sistema dinâmico distribui a energia fornecida pelos painéis solares e armazenada na bateria e nos aquecedores de água quente para o sistema de 23 casas. Este programa piloto foi o primeiro projeto deste tipo em França [114, 115].

8.29.7.   Mannheim

A cidade de Mannheim, na Alemanha, está a utilizar comunicações em tempo real através de linhas eléctricas de banda larga (BPL) no seu projeto Model City Mannheim "MoMa" [116].

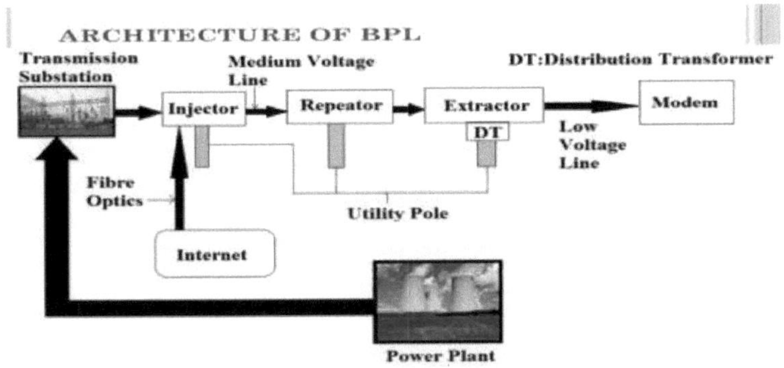

8.29.8.   Sydney

Sydney, também na Austrália, em parceria com o Governo australiano, implementou o programa Smart Grid, Smart City [117].

8.30. Referências

[1].   Hu, J.; Lanzon, A. (2019).
"Controlo distribuído por consenso em tempo finito de microrredes controladas por droops".
IEEE Transactions on Smart Grid. 10 (5): 4751-4761.

[2].   Fang, Xi; Misra, Satyajayant; Xue, Guoliang; Yang, Dejun (2012).
"Smart Grid - a nova e melhorada rede eléctrica: A Survey".
IEEE Communications Surveys & Tutorials. 14 (4): 944-980.
[3].   "Avaliação da Comissão Federal de Regulamentação da Energia - Medição Avançada".
[4].   Sayed, K.; Gabbar, H. A. (1 de janeiro de 2017).
"Capítulo 18 - SCADA e automatização do controlo da rede de energia inteligente".
Engenharia de redes de energia inteligentes. Imprensa académica: 481-514.
[5].   "Avaliação da Comissão Federal de Regulamentação da Energia - Medição Avançada".
Comissão Federal de Regulamentação da Energia dos Estados Unidos.
[6].   Saleh, M. S.; et al. (outubro de 2015).
"Impacto do agrupamento da estabilidade e resiliência das microrredes durante os cortes de energia".
2015 Intr. Conf. sobre redes inteligentes e tecnologias de energia limpa. (ICSGCE).
[7].   Torriti, Jacopo (2012).
"Demand Side Management for the European single-person households" (Gestão da procura para os agregados familiares unipessoais europeus).
Política energética. 44: 199-206.
[8].   "Plataforma Tecnológica Europeia para as Redes Inteligentes". SmartGrids. 2011.
Arquivado do original em 2011-10-03. Recuperado em 2011-10-11.
[9].   "A história da eletrificação: O nascimento da nossa rede eléctrica".
Centro Tecnológico Edison. Recuperado em 6 de novembro de 2013.
[10].   Mohsen Fadaee Nejad, et al. (2013).
"Aplicação de redes eléctricas inteligentes nos países em desenvolvimento".
2013 IEEE 7th Intr. Conf. de Engenharia e Otimização de Energia (PEOCO).
[11].   Berger, Lars T.; Iniewski, Krzysztof, eds. (abril de 2012).
Smart Grid - Applicacions, Communications and Security (Redes Inteligentes - Aplicações, Comunicações e Segurança). John Wiley e Filhos. ISBN 978-1-1180-0439-5.
[12].   Grupo de trabalho sobre redes inteligentes (junho de 2003).
"Oportunidade de desafio: Relatórios do Grupo de Trabalho sobre Novas Energias".

Coligação para o Futuro da Energia. Arquivado em 2009-03-18. Recuperado em 2008-11-27.

[13]. "Definição de rede inteligente pela Comissão Europeia". Arquivado em 14 de abril de 2020.

[14]. Conferência Internacional Anual; Neufeld, Janis S.; et al. (2020).

"On the Observabilty of Smart Grids and Related Optimization Methods" (Sobre a observabilidade das redes inteligentes e métodos de otimização conexos).

Actas de Investigação Operacional 2019: artigos seleccionados da Annual

Intr. Conf. da Sociedade Alemã de Investigação Operacional (GOR), Dresden,

Alemanha, de 4 a 6 de setembro de 2019. Cham, Suíça: Springer. p. 281.

[15]. "Functionalities of smart grids and smart meters" (Funcionalidades das redes e contadores inteligentes). Grupo de Trabalho para as Redes Inteligentes.

dezembro de 2010.

[16]. Comunicação da Comissão ao Parlamento Europeu e ao Conselho ... Redes inteligentes.

[17]. CIRCABC. Recuperado em 2022-07-25.

[18]. Avaliação da resposta da procura e dos contadores (Docket AD06-2-000).

Comissão Federal de Regulamentação da Energia (Relatório).

Departamento de Energia dos Estados Unidos. agosto de 2006. p. 20. Arquivado em

2008-10-27. Recuperado em 2008-11-27.

[19]. NETL Modern Grid Initiative - Powering Our 21st-Century Economy.

Laboratório Nacional de Tecnologia da Energia (Relatório).

Departamento de Energia dos Estados Unidos Gabinete de Fornecimento e Distribuição de Eletricidade

Fiabilidade energética. agosto de 2007. p. 17. Arquivado em 2012-02-23.

Recuperado em 2008-12-06.

[20]. "História da Gridwise: Como é que a GridWise começou?". Pacific Northwest National

Laboratório. 2007-10-30. Arquivado em 2008-10-27. Recuperado em 2008-12-03.

[21]. Yang, Qixun; Bi, Tianshu; Wu, Jingtao (2001-06-24).

"Implementação do WAMS na China e os desafios da proteção do sistema".

Reunião Geral da Sociedade de Engenharia de Energia do IEEE de 2007. pp. 1-6.

Recuperado em 2008-12-01.

[22]. Alexandra Von Meier (2013). Engenheiro Elétrico 137A: Energia Eléctrica

Sistemas. Aula 2: Introdução aos Sistemas Eléctricos de Potência, Diapositivo 33.

[23]. Huang, Yih-Fang; et al. (2012).

"Estimativa de estado em redes de energia eléctrica: Requisitos da Rede Futura".

Revista IEEE Signal Processing. 29 (5): 33.

[24]. Ntobela, Simthandile (2019-05-07).

"'Relaxar, conversar, comer'. O segredo da vida sem poder". Wall Street

Revista. ISSN 0099-9660. Recuperado em 2019-10-09.

[25]. Torrejon, R.. "Quedas de energia: O que é preciso saber sobre os diferentes tipos".

Jersey do Norte. Recuperado em 09/10/2019.

[26]. Tomoiagă, B.; et al.

Algoritmo de Reconfiguração Pareto Óptima de Potência Baseado em NSGA-II.

Energias 2013, 6, 1439-1455.

[27]. "reduzir a tensão, sempre que possível, nas linhas de distribuição". www.smartgrid.gov. Arquivado em 27 de junho de 2013.

[28]. Sinitsyn; S. Kundu; S. Backhaus (2013).

"Protocolos seguros para a geração de cargas controladas termostaticamente".

Energy Conversion and Management. 67: 297-308. arXiv:1211.0248.

[29]. Intr., Smart Energy (2007). "Benefícios ambientais da rede inteligente". Smart

Energy International. Recuperado em 2024-03-17.

[30]. Coligação para o Futuro da Energia,

"Challenge and Opportunity: Charting a New Energy Future", Apêndice A:

Relatórios dos grupos de trabalho, Relatório do grupo de trabalho sobre redes inteligentes.

https://web.archive.org/web/20080910051559/http:g/app_smart_grid.pdf

[31]. Zhang, Xiao; Hug, G.; Kolter, Z.; Harjunkoski, I. (2015-10-01).

"Centrais siderúrgicas de resposta à procura industrial com provisão de reserva giratória".

2015 North American Power Symposium (NAPS). pp. 1-6.

[32]. Zhang, X.; Hug, G. (2015-02-01).
"Estratégia de licitação na resposta da procura das fundições de reserva giratória de energia".
2015 IEEE Power & Energy Society Tecnologias inovadoras de redes inteligentes
Conferência (ISGT). pp. 1-5.
[33]. "Armazenamento de energia em lagos de alumínio fundido". Bloomberg News. 26
novembro de 2014.
[34]. Arquivado 22/04/2020 no Máquina Wayback. Earth2tech.com (2009-06-
05). Recuperado em 2011-05-14.
[35]. Departamento de Energia dos EUA, Laboratório Nacional de Tecnologia Energética,
Iniciativa "Modern Grid",

http://www.netl.doe.gov/moderngrid/opportunity/vision_technologies.html.
Arquivado 11 de julho de 2007, no Máquina Way-back
[36]. Richard Yu, F.; Zhang, Peng; Xiao, Weidong; Choudhury, Paul (2011).
"Sistemas de comunicação para integração em rede de recursos energéticos renováveis".
Rede IEEE. 25 (5): 22-29.
[37]. Buevich, Maxim; et al. (2015-01-01).
"Short Paper: Microgrid Losses". Actas da 2ª Conferência Internacional da ACM
Conferência sobre Sistemas Incorporados para Ambientes Construídos Energeticamente Eficientes.
BuildSys '15. Nova Iorque, NY, EUA. pp. 95-98.
[38]. Patrick Mazza (2005-04-27).
Soluções climáticas: 7. Arquivado em 2008-12-30. Recuperado em 2008-12-01.
[39]. "Controlo do fluxo de energia distribuído da rede de fios inteligente". arpa-e.energy.gov.
Arquivado em 2014-08-08. Recuperado em 2014-07-25.
[40]. Klimstra, Jakob; Hotakainen, Markus (2011). Smart Power Generation.
Helsínquia: Avain Publishers. ISBN 9789516928466.
[41]. Toomas Hõbemägi, Baltic Business News
[42]. "Sistema de proteção de grande área para estabilidade" (PDF). Nanjing Nari-Relays

Electric Co. 2008-04-22. Arquivado em 2009-03-18. Recuperado em 2008-12-12.

[43]. Zhao, Jinquan; et al. (2007-06-24).

"Monitorização e controlo da estabilidade da tensão em linha da rede eléctrica de Fujian".

Reunião Geral da Sociedade de Engenharia de Energia do IEEE de 2007. IEEE. pp. 1-6.

[44]. Pinkse, J; Kolk, A (2010).

"Desafios e compromissos na inovação empresarial para as alterações climáticas".

Estratégia empresarial e ambiente. 19 (4): 261-272.

[45]. Jacobides, Michael G.; Knudsen, Thorbjørn; Augier, Mie (outubro de 2006).

"Beneficiar da inovação: Criação de valor, papel das arquitecturas industriais".

Política de Investigação. 35 (8): 1200-1221.

[46]. Digitalização e energia. Paris: Agência Internacional da Eletricidade. 2017.

[47]. Chowdhury, S; Crowdhury, S.P.; Crossley, P.

Microrredes e redes de distribuição activas. Instituição de Engenharia e

Tecnologia. ISBN 9781849191029.

[48]. Bifaretti, S.; et al. (maio de 2017).

"As microrredes ligadas à rede apoiam a penetração das fontes renováveis".

Energy Procedia. 105: 2910-2915.

[49]. "Customer engagement in an era of energy transformation".

www.pwc.nl. PwC. Recuperado em 8 de outubro de 2018.

[50]. Ross, J.W.; Sebastian, I. M.; Beath, C.M. (2017).

"Como desenvolver uma grande estratégia digital" (PDF). MITSgestão de empréstimos

Revista. 58 (2). Arquivado em 2018-09-20. Recuperado em 2018-10-08.

[51]. Samuelson, K.

"Como atrair clientes de serviços públicos da próxima geração? E Source".

www.esource.com. Recuperado em 8 de outubro de 2018.

[52]. João, J.S. (2017-06-29).

"The Case for Utilities to Energy Businesses - Before They're Cannibalized".

www.greentechmedia.com. Recuperado em 8 de outubro de 2018.

[53]. Kling, W.L.; Ummels, B.C.; Hendriks, R.L. (junho de 2007).

"Transmissão e integração de sistemas de energia eólica nos Países Baixos".

Reunião Geral da Sociedade de Engenharia de Energia do IEEE de 2007. pp. 1-6.

Recuperado em 8 de outubro de 2018.

[54]. Nieponice, G (28 de março de 2017).

"5 coisas que as empresas de serviços públicos devem fazer para se prepararem para o futuro".

Fórum Económico Mundial. Recuperado em 8 de outubro de 2018.

[55]. Juszczyk, Oskar; et al. (janeiro de 2022).

"Barreiras às tecnologias das energias renováveis Finlândia e Polónia".

Energias. 15 (2): 527.

[56]. Brown, J.P.; Coupal, R; Hitaj, C; Kelsey, T.; Krannich, R.S.; Xiarchos, I.M.

"New Dynamics in Fossil Fuel and Renewable Energy for Rural America".

www.usda.gov. Departamento de Agricultura dos Estados Unidos. Arquivado em

8 de outubro de 2018. Recuperado em 8 de outubro de 2018.

[57]. Instituto de Investigação de Energia Eléctrica, Programa IntelliGrid

[58]. Departamento de Energia dos EUA, Gabinete de Transmissão e Distribuição Eléctrica,

"Rede 2030" Uma visão nacional para os segundos 100 anos da eletricidade

Archived 2011-07-21 at the Wayback Machine, julho de 2003

[59]. Departamento de Energia dos EUA, Gabinete de Transmissão e Distribuição Eléctrica.

Archived 2011-07-21 at the Wayback Machine

[60]. Departamento de Energia dos EUA,

Laboratório Nacional de Tecnologia da Energia. Arquivado em 2010-01-09 em

a Máquina Wayback

[61]. Departamento de Energia dos EUA, Gabinete de Fornecimento de Eletricidade e Fiabilidade Energética.

Archived 2006-02-03 at the Wayback Machine.

[62]. http://www.gridwiseac.org/pdfs/interopframework_v1_1.pdf

[63]. Departamento de Energia dos EUA, Gabinete de Fornecimento de Eletricidade e Energia

Fiabilidade, Gridworks

[64]. Projeto de demonstração de redes inteligentes do Noroeste do Pacífico

[65].   Programa Cidades Solares do Departamento do Ambiente da Austrália

[66].   Centro de investigação sobre redes inteligentes de energia[referência circular]

[67].   "SmartQuart". SmartQuart (em alemão). Recuperado em 2021-02-08.

[68].   "Casa - Smart5Grid". Recuperado em 2024-05-22.

[69].   Paul Bourgine; et al. (2009).
"Roteiro francês para sistemas complexos 2008-2009".

[70].   Perdigão, Dylan Gonçalves (2023-07-24).
Para um sistema de deteção de intrusão para redes inteligentes: Uma Abordagem.
(Dissertação de Mestrado). Universidade de Coimbra.

[71].   Spahiu, Pelqim; Evans, Ian R. (2011).
"Sistemas de proteção que se verificam e supervisionam a si próprios". 2011 2º IEEE
PES Intr. Conf. e Exposição sobre Tecnologias Inovadoras de Redes Inteligentes.
pp. 1-4.

[72].   Spahiu, P.; Uppal, N. (2010).
"Equipamento de proteção e controlo baseado em IED: uma abordagem à aplicação".
10ª Conferência Internacional da IET sobre Desenvolvimentos em Sistemas de Energia
Proteção (DPSP 2010). Gerir a mudança. p. 141.

[73].   Giovanni Filatrella; Arne Hejde Nielsen; Niels Falsig Pedersen (2008).
"Análise de uma rede eléctrica utilizando o modelo tipo Kuramoto". Europeu
Physical Journal B. 61 (4): 485-491.

[74].   Florian Dorfler; Francesco Bullo (2009).
"Sincronização e osciladores uniformes de Kuramoto estabilizados por transientes".

[75].   Montazerolghaem, A.; Yaghmaee, M. H.; Leon-Garcia, A. (2017).
"OpenAMI: balanceamento de carga de AMI definido por software". IEEE Internet of
Jornal das Coisas. PP (99): 206-218.

[76].   Montazerolghaem, Ahmadreza; Yaghmaee, Mohammad Hossein (2021).
"Aplicação de resposta à procura: Uma estrutura de gestão baseada em SDN".
IEEE Transactions on Smart Grid. 13 (3): 1952-1966.

[77].   Werbos (2006).

"Utilizar a programação dinâmica adaptativa para: o design de nível seguinte".

arXiv:q-bio/0612045.

[78]. Claire Christensen; Reka Albert (2006).

"Utilizar conceitos de grafos para compreender a organização de sistemas complexos".

Revista Internacional de Bifurcação e Caos. 17 (7): 2201-2214.

[79]. Vito Latora; Massimo Marchiori (2002).

"Comportamento económico de pequenos mundos em redes ponderadas". Europeu

Physical Journal B. 32 (2): 249–263. arXiv:cond-mat/0204089.

[80]. Vito Latora; Massimo M. (2002). "A Arquitetura dos Sistemas Complexos".

arXiv:cond-mat/0205649.

[81]. Balantrapu, S. (2010). "Redes Neuronais Artificiais em Microgrid".

Central de energia. Arquivado em 10 de dezembro de 2015. Recuperado em 8

dezembro de 2015.

[82]. Miao He; Sugumar Murugesan; Junshan Zhang (2011).

"Redes inteligentes de despacho em várias escalas temporais com integração de produção eólica".

2011 Proceedings IEEE INFOCOM. pp. 461-465. arXiv:1008.3932.

[83]. "Relatório: O mercado das redes inteligentes poderá duplicar em quatro anos". Zpryme Smart

Mercado de redes. Arquivado em 2014-09-06. Recuperado em 2009-12-22.

[84]. "Rede inteligente dos EUA custará bilhões, economizará trilhões". Reuters. 2011-05-24.

[85]. "Relatório sobre o futuro da eletricidade apela a grandes investimentos". 2015-01-23.

Arquivado em 2016-03-04. Recuperado em 2015-01-24.

[86]. "Tipo de produto de rede de rede inteligente 2018-2023, principais participantes e regiões".

2019-03-19.

[87]. Patrick Mazza (2004-05-21).

"A rede de energia inteligente: A Terceira Grande Revolução da Eletricidade".

Soluções Climáticas. p. 2. Recuperado em 2008-12-05.

[88]. L. D. Kannberg; et al. (2003).

"GridWise: Os benefícios de um sistema energético transformado".

p. 25. arXiv:nlin/0409035.

[89]. "Smart Grid and Renewable Energy Monitoring Systems", SpeakSolar.org,
    3 de setembro de 2010
[90]. Campbell, Richard (10 de junho de 2015).
    "Questões de cibersegurança para o sistema de energia a granel" (PDF). Congresso
    Serviço de Investigação. Arquivado em 2015-06-28. Recuperado em 17 de outubro de 2017.
[91]. Demertzis K., Iliadis L. (2018)
    Um Sistema de Inteligência Computacional para Identificação de Redes de Energia. In: Daras
    N., Rassias T. (eds) Modern Discrete Mathematics and Analysis. Springer
    Optimization and Its Applications, vol 131. Springer, Cham
[92]. Câmara dos Representantes dos EUA. 8 de abril de 2016. Arquivado em 7 de setembro,
    2016. Recuperado em 17 de outubro de 2017.
 [93]. Siddharth, Sridhar (janeiro de 2012).
    "Segurança do sistema ciber-físico para a rede de energia eléctrica". Actas
    do IEEE. 100: 210-224..
[94]. "Infra-estruturas dos EUA: Smart Grid". Renewing America. Conselho dos Negócios Estrangeiros
    Relações. 16 de dezembro de 2011. Arquivado em 4 de janeiro de 2012. Recuperado em 20
    janeiro de 2012.
[95]. Gorman, Siobahn (2008).
    "Rede de eletricidade nos EUA penetrada por espiões". Wall Street Journal.
    Recuperado em 20 de janeiro de 2012.
[96]. Yong Qin; Cao, Xiedong; Peng Liang; Qichao Hu; Weiwei Zhang (2014).
    2014 IEEE 3ª Conferência Internacional sobre Computação em Nuvem e
    Sistemas de Inteligência. pp. 155-159.
[97]. "Relatório de Resiliência do Sector: Fornecimento de Energia Eléctrica". 11 de junho de 2014.
    Recuperado em 17 de outubro de 2017.
[98]. "Análise do ataque cibernético à rede eléctrica ucraniana" (PDF). 18
    março de 2016. Recuperado em 17 de outubro de 2017.
[99]. Knake, Robert. "Um ataque cibernético à rede eléctrica dos EUA". Conselho de

Relações Exteriores. Recuperado em 2017-10-22.

[100]. "'Crash Override': O malware que derrubou uma rede de energia". WIRED.

Recuperado em 2017-10-19.

[101]. "Novo estudo da Lloyd's destaca as implicações abrangentes dos ataques cibernéticos".

www.lloyds.com. 8 de julho de 2015. Recuperado em 2017-10-22.

[102]. "Transforming Nation's Electricity Quadrennial Energy Review".

janeiro de 2017. Recuperado em 25 de setembro de 2017.

[103]. Khurana, Himanshu. Frincke, Deborah. Liu, Ning. Hadley, Mark.

Acedido em 8 de abril de 2017.

[104]. "Quem está a ver? As preocupações com a privacidade persistem à medida que os contadores inteligentes são lançados".

Ciência. 2012-12-14. Recuperado em 2024-03-17.

[105]. Fernando Alvarado; Shmuel Oren (maio de 2002).

"Operação e Interconexão de Sistemas de Transmissão" (PDF).

Estudo da Rede Nacional de Transporte: 25. Recuperado em 2008-12-01.

[106]. Rolf Carlson (abril de 2002).

"Relatório final do LDRD do programa SCADA de alta segurança do Sandia SCADA".

Estudo da Rede Nacional de Transporte: 15. Recuperado em 2008-12-06.

[107]. Khurana, H.; Hadley, M.; Ning Lu; Frincke, D. A. (janeiro de 2010).

"Questões de segurança das redes inteligentes". Revista IEEE Security & Privacy. 8 (1): 81-

85.

[108]. James Grundvig (2013-04-15).

"Detetar o roubo de energia através de sensores e da nuvem: Awesense for the Grid".

Huffington Post: 2. Recuperado em 2013-06-05.

[109]. "Lei de Independência e Segurança Energética dos EUA de 2007". Arquivado em 19

dezembro de 2015. Recuperado em 23 de dezembro de 2007.

[110]. O DOE disponibiliza até 51,8 milhões de dólares para modernizar o sistema de rede eléctrica dos EUA.

Arquivado 20 de setembro de 2008 no Máquina Wayback, 27 de junho de 2007, EUA.

Departamento de Energia (DOE)

[111]. "Construir para o futuro: Entrevista com Andres Carvallo, Utilitário de Energia".

Próxima Geração de Potência e Energia (244). Recuperado em 2008-11-26.

[112]. Betsy Loeff (março de 2008).

"Anatomia AMI: Tecnologias essenciais em medição avançada". Ultrimetria

Boletim informativo.

[113]. Betsy Loeff,

Normas exigentes: O Hydro One tem como objetivo potenciar a AMI através da interoperabilidade.

Arquivado 21/01/2016 no Máquina Wayback, PennWell Corporation

[114]. Joel Spaes (3 de julho de 2020).

"Harmon'Yeu, primeira comunidade energética da Ilha de Yeu, assinada pela Engie".

www.pv-magazine.fr. Recuperado em 27 de janeiro de 2021.

[115]. Nabil Wakim (2020). "A L'Ile-d'Yeu, soleil pour tous... ou presque".

www.lemonde.fr. Recuperado em 27 de janeiro de 2021.

[116]. "Projeto E-Energy Cidade Modelo Mannheim". MVV Energie. 2011.

Arquivado em 24 de março de 2012. Recuperado em 16 de maio de 2011.

[117]. "Rede inteligente, cidade inteligente". Arquivado do original em 2014-09-24.

Recuperado em 2014-09-29.

Capítulo (9)
Conclusões

Em 2021, a economia mundial recuperou a uma velocidade recorde da pandemia de COVID-19, com o crescimento do PIB a atingir 5,9 %. Com a estagnação das melhorias da intensidade energética, a procura mundial de energia aumentou 5,4%. O aumento da procura de energia foi parcialmente satisfeito por uma maior utilização de carvão, o que resultou num salto de 1,9 gigatoneladas (Gt) nas emissões em 2021, o maior aumento anual das emissões globais de CO2 do sector da energia alguma vez registado. As emissões totais de CO2 do sector da energia atingiram assim 36,6 Gt em 2021.

O investimento recente em infra-estruturas de combustíveis fósseis não incluído no Cenário 2021 de emissões líquidas nulas até 2050 resultaria em 25 Gt de emissões se fosse executado até ao fim da sua vida útil (cerca de 5% do orçamento de carbono restante para 1,5 °C). Simultaneamente, em 2021, a produção de eletricidade a partir de fontes renováveis atingiu um máximo histórico, com um recorde de mais de 500 terawatts-hora (TWh) acima do nível registado em 2020.

A descarbonização do sistema energético começa com alterações na procura, que conduzem a reduções significativas na utilização de combustíveis fósseis até 2030 no Cenário NZE, em comparação com o Cenário STEPS. A crescente implantação da produção solar e eólica substitui os combustíveis fósseis no sector da energia, em particular o carvão.

A procura de petróleo é reduzida principalmente através da adoção generalizada de veículos eléctricos e de mudanças de comportamento, enquanto a eficiência desempenha um papel importante na redução da procura nos sectores da indústria e da construção. É de notar que a capacidade de produção de muitos materiais e tecnologias essenciais tem de ser aumentada para se alinhar com as ambições de emissões líquidas nulas. Neste domínio, há sinais positivos de que este aumento já começou. Os planos anunciados para as baterias para veículos eléctricos e para os painéis solares são quase suficientes para atingir os níveis previstos para 2030, embora subsistam ainda grandes lacunas no que respeita a tecnologias fundamentais como os electrolisadores.

- Em 2021, a AIE publicou o seu relatório Net Zero by 2050: A Roadmap for the Global Energy Sector. No entanto, no curto espaço de tempo que decorreu desde então, muita coisa mudou. A economia global recuperou da pandemia de Covid-19 e a primeira crise energética global fez com que os preços mundiais da energia atingissem níveis recorde em muitos mercados, trazendo para a ribalta as preocupações com a segurança energética. Além disso, no mesmo ano, ou seja, em 2021, as emissões aumentaram um recorde de 1,9 Gt, atingindo 36,6 Gt, impulsionadas por um crescimento económico pós-pandemia extraordinariamente rápido, por progressos lentos na melhoria da intensidade energética e por um aumento da procura de carvão, mesmo quando a capacidade de produção de energias renováveis atingiu níveis recorde. O investimento recente em infra-estruturas de combustíveis fósseis não incluído no nosso Cenário NZE 2021 resultaria em 25 Gt de emissões se fosse executado até ao fim da sua vida útil (cerca de 5% do orçamento de carbono restante para 1,5 °C).

- Apesar destes desenvolvimentos, na sua maioria desencorajadores, o caminho descrito no Cenário "Net Zero Emissions by 2050" (NZE) continua a ser estreito, mas ainda possível de alcançar. Esta atualização do Cenário NZE oferece uma descrição exaustiva da forma como os decisores políticos e outros poderiam responder coerentemente aos desafios das alterações climáticas, da acessibilidade energética e da segurança energética.

- Entre 2021 e 2030, as fontes de abastecimento de baixas emissões aumentam em cerca de 125 EJ no Cenário NZE. Este valor é equivalente ao crescimento do aprovisionamento energético mundial de todas as fontes durante os últimos quinze anos. Entre as fontes de baixas emissões, a bioenergia moderna e a energia solar são as que registam o maior aumento, com cerca de 35 EJ e 28 EJ, respetivamente, até 2030. No entanto, durante o período até 2050, o maior crescimento no fornecimento de energia com baixas emissões provém da energia solar e eólica. Em 2050, os combustíveis fósseis não utilizados para fins energéticos representam apenas 5% do aprovisionamento energético total: a adição de combustíveis fósseis utilizados com CCUS e para fins não energéticos aumenta este valor para um pouco menos de 20%.

- No Cenário NZE, a eletricidade torna-se o novo elemento central do sistema energético mundial, fornecendo mais de metade do consumo final total e dois terços da energia útil até 2050. A produção total de eletricidade cresce 3,3% por ano até 2050, o que é mais rápido do que a taxa global de crescimento económico durante este período. As adições anuais de capacidade de todas as energias renováveis quadruplicam de 290 GW em 2021 para cerca de 1 200 GW em 2030. Com as energias renováveis a atingir mais de 60 % da produção total em 2030, não são necessárias novas centrais a carvão não renovadas. O aumento anual da capacidade nuclear até 2050 é quase quatro vezes superior à sua média histórica recente.

- O aumento da oferta de energia limpa traz benefícios em termos de redução das emissões, acessibilidade e segurança energética. No Cenário NZE, as melhorias da intensidade energética até 2030 são quase três vezes mais rápidas do que na última década. Em 2030, as poupanças de energia resultantes da eficiência energética, da eficiência dos materiais e das mudanças de comportamento ascendem a cerca de 110 EJ, o que equivale ao consumo final total da China atual.

- A produção de eletricidade a partir de energias renováveis regista um dos maiores aumentos, passando de 390 mil milhões de dólares nos últimos anos para 1 300 mil milhões de dólares em 2030. Este nível de despesa em 2030 é igual ao nível mais elevado alguma vez gasto no abastecimento de combustíveis fósseis (1,3 biliões de dólares gastos em combustíveis fósseis em 2014).

- Há algumas indicações positivas de que as tecnologias de energia limpa estão agora a aumentar rapidamente. Anunciou a capacidade de produção de baterias para veículos eléctricos para 2030, tendo anunciado que as expansões da capacidade de produção de energia solar fotovoltaica seriam essencialmente suficientes para atingir o bom nível de implantação previsto. Assumindo a plena implementação de todas as expansões de capacidade de produção anunciadas, incluindo projectos especulativos, a produção cumulativa da capacidade de produção de electrolisadores poderia atingir 380 GW até 2030, o que ainda é pouco mais de metade das necessidades de 2030 no Cenário NZE.

- Há, no entanto, muitos domínios em que os progressos são muito insuficientes, pelo que a via para o sucesso exige que os decisores políticos façam muito mais para dar sinais do lado da procura, desenvolver a cadeia de abastecimento de tecnologias limpas no seu conjunto, assegurar que as cadeias de abastecimento sejam diversificadas e resistentes e promover o crescimento coordenado de diferentes partes de cadeias de abastecimento específicas.

- O emprego total no sector da energia aumenta de pouco mais de 65 milhões atualmente para 90 milhões em 2030 no Cenário NZE. Os novos postos de trabalho nas indústrias de energia limpa atingem 40 milhões até 2030, ultrapassando as perdas de emprego nas indústrias relacionadas com os combustíveis fósseis. Os postos de trabalho no sector dos combustíveis fósseis diminuem em 7 milhões até 2030 no Cenário NZE, sendo o sector do carvão o que regista o maior declínio, uma vez que os esforços de mecanização e de descarbonização conduzem a uma maior redução da indústria. A escassez de mão de obra qualificada nos projectos de construção de energias limpas já começa a ser observada, o que sublinha a importância de políticas laborais estratégicas e proactivas para criar a força de trabalho necessária à rápida expansão das tecnologias de energias limpas.

yes
I want morebooks!

Buy your books fast and straightforward online - at one of world's fastest growing online book stores! Environmentally sound due to Print-on-Demand technologies.

Buy your books online at
www.morebooks.shop

Compre os seus livros mais rápido e diretamente na internet, em uma das livrarias on-line com o maior crescimento no mundo! Produção que protege o meio ambiente através das tecnologias de impressão sob demanda.

Compre os seus livros on-line em
www.morebooks.shop

info@omniscriptum.com
www.omniscriptum.com